汉译人类学名著丛书

摩洛哥田野作业反思

〔美〕保罗·拉比诺 著

高丙中 康敏 译

王晓燕 校

创于1897　商务印书馆
The Commercial Press

2020年·北京

PAUL RABINOW

REFLECTIONS ON FIELDWORK IN MOROCCO

Published by arrangement with the University of California Press

根据美国加利福尼亚大学出版社 1977 年版译出

总　序

学术并非都是绷着脸讲大道理,研究也不限于泡图书馆。有这样一种学术研究,研究者对一个地方、一群人感兴趣,怀着浪漫的想象跑到那里生活,在与人亲密接触的过程中获得他们生活的故事,最后又回到自己原先的日常生活,开始有条有理地叙述那里的所见所闻——很遗憾,人类学的这种研究路径在中国还是很冷清。

"屹立于世界民族之林"的现代民族国家都要培育一个号称"社会科学"(广义的社会科学包括人文学科)的专业群体。这个群体在不同的国家和不同的历史时期无论被期望扮演多少不同的角色,都有一个本分,就是把呈现"社会事实"作为职业的基础。社会科学的分工比较细密或者说比较发达的许多国家在过去近一个世纪的时间里发展出一种扎进社区里搜寻社会事实、然后用叙述体加以呈现的精致方法和文体,这就是"民族志"(ethnography)。

"民族志"的基本含义是指对异民族的社会、文化现象的记述,希罗多德对埃及人家庭生活的描述,旅行者、探险家的游记,那些最早与"土著"打交道的商人和布道的传教士以及殖民时代"帝国官员"们关于土著人的报告,都被归入"民族志"这个广义的文体。这些大杂烩的内容可以被归入一个文体,主要基于两大因素:一是它们在风格上的异域情调(exotic)或新异感,二是它们表征着一个有着内在一致的精神(或民族精神)的群体(族群)。

具有专业素养的人类学家逐渐积累了记述异民族文化的技巧,把庞杂而散漫的民族志发展为以专门的方法论为依托的学术研究成果的载体,这就是以马林诺夫斯基为代表的"科学的民族志"。人类学把民族志发展到"科学"的水平,把这种文体与经过人类学专门训练的学人所从事的规范的田野作业捆绑在一起,成为其知识论和可靠资料的基础,因为一切都基于"我"在现场目睹(I witness),"我"对事实的叙述都基于对社会或文化的整体考虑。

民族志是社会文化人类学家所磨砺出来的学术利器,后来也被民族学界、社会学界、民俗学界广泛采用,并且与从业规模比较大的其他社会科学学科结合,发展出宗教人类学、政治人类学、法律人类学、经济人类学、历史人类学、教育人类学⋯⋯

人类学的民族志及其所依托的田野作业作为一种组合成为学术规范,后来为多个学科所沿用,民族志既是社会科学的经验研究的一种文体,也是一种方法,即一种所谓的定性研究或者"质的研究"。这些学科本来就擅长定性研究,它们引入民族志的定性研究,使它们能够以整体的(holistic)观念去看待对象,并把对象在经验材料的层次整体性地呈现在文章里。民族志是在人类学对于前工业社会(或曰非西方社会、原始社会、传统社会、简单社会)的调查研究中精致起来的,但是多学科的运用使民族志早就成为也能够有效地对西方社会、现代社会进行调查研究的方法和文体。

作为现代社会科学的一个主要的奠基人，涂尔干强调对社会事实的把握是学术的基础。社会科学的使命首先是呈现社会事实，然后以此为据建立理解社会的角度，建立进入"社会"范畴的思想方式，并在这个过程之中不断磨砺有效呈现社会事实并对其加以解释的方法。

民族志依据社会整体观所支持的知识论来观察并呈现社会事实，对整个社会科学、对现代国家和现代世界具有独特的知识贡献。中国古训所讲的"实事求是"通常是文人学士以个人经历叙事明理。"事"所从出的范围是很狭窄的。现代国家需要知道尽可能广泛的社会事实，并且是超越个人随意性的事实。民族志是顺应现代社会的这种知识需要而获得发展机会的。通过专门训练的学者群体呈现社会各方的"事"，使之作为公共知识，作为公共舆论的根据，这为各种行动者提供了共同感知、共同想象的社会知识。现代社会的人际互动是在极大地超越个人直观经验的时间和空间范围展开的，由专业群体在深入调查后提供广泛的社会事实就成为现代社会良性化运作的一个条件。现代世界不可能都由民族志提供社会事实，但是民族志提供的"事"具有怎样的数量、质量和代表性，对于一个社会具有怎样的"实事求是"的能力会产生至关重要的影响。

社会需要叙事，需要叙事建立起码的对社会事实的共识。在现代国家的公共领域，有事实就出议题，有议题就能够产生共同思想。看到思想的表达，才见到人之成为人；在共同思想中才见到社会。新闻在呈现事实，但是新闻事实在厚度和纵深上远远不够，现代世界还需要社会科学对事实的呈现,尤其是民族志以厚重的方式对事实的呈现,因为民族志擅长在事实里呈现并理解整个社会与文化。这是那些经济比较发达、公共事务管理比较高明的国家的社会科学界比较注重民族志知识生产的事实所给予我们的启示。

在中国现代学术的建构中,民族志的缺失造成了社会科学的知识生产的许多缺陷。学术群体没有一个基本队伍担当起民族志事业,不能提供所关注的社会的基本事实,那么,在每个人脑子里的"社会事实"太不一样并且相互不可知、不可衔接的状态下,学术群体不易形成共同话题,不易形成相互关联而又保持差别和张力的观点,不易磨炼整体的思想智慧和分析技术。没有民族志,没有民族志的思想方法在整个社会科学中的扩散,关于社会的学术就难以"说事儿",难以把"事儿"说得有意思,难以把琐碎的现象勾连起来成为社会图像,难以在社会过程中理解人与文化。

因为民族志不发达,中国的社会科学在总体上不擅长以参与观察为依据的叙事表述。在一个较长的历史时期,中国社会在运作中所需要的对事实的叙述是由文学和艺术及其混合体的广场文艺来代劳的。收租院的故事,《创业史》、《艳阳天》,诉苦会、批斗会,都是提供社会叙事的形式。在这些历史时期,如果知识界能够同时也提供社会科学的民族志叙事,中国社会对自己面临的问题的判断和选择会很不一样。专家作为第三方叙事对于作为大共同体的现代国家在内部维持明智的交往行为是不可缺少的。

民族志在呈现社会事实之外,还是一种发现或建构民族文化的文体。民族志学者以长期生活在一个社区的方式开展调查研究,他在社会中、在现实中、在百姓中、在常人生活中观察文化如何被表现出来。他通过对社会的把握而呈现一种文化，或者说他借助对于一种文化的认识而呈现一个社会。如果民族志写作持续地进行，一个民族、一个社会在文化上的丰富性就有较大的机会被呈现出来，一度被僵化、刻板化、污名化的文化就有较大的机会尽早获得准确、全面、公正的表述，生在其中的人民就有较大的机会由此发现自己的多样性，并容易使自己在生活中主动拥有较多的选择，从而使整个社会拥有各种更多的机会。

中国社会科学界无法回避民族志发育不良的问题。在中国有现代学科之前，西方已经占了现代学术的先机。中国社会科学界不重视民族志，西洋和东洋的学术界却出版了大量关于中国的民族志，描绘了他们眼中的中国社会的图像。这些图像是具有专业素养的学人所绘制的，我们不得不承认它们基于社会事实。然而，我们一方面难以认同它们是关于我们社会的完整图像，另一方面我们又没有生产出足够弥补或者替换它们的社会图像。要超越这个局面中我们杂糅着不服与无奈的心理，就必须发展起自己够水准的民族志，书写出自己所见证的社会图像供大家选择或偏爱、参考或参照。

这个译丛偏重选择作为人类学基石的经典民族志以及与民族志问题密切相联的一些人类学著作，是要以此为借鉴在中国社会科学界推动民族志研究，尽快让我们拥有足够多在学术上够水准、在观念上能表达中国学者的见识和主张的民族志。

我们对原著的选择主要基于民族志著作在写法上的原创性和学科史上的代表性，再就是考虑民族志文本的精致程度。概括地说，这个"汉译人类学名著丛书"的入选者或是民族志水准的标志性文本，或是反思民族志并促进民族志发展的人类学代表作。民族志最初的范本是由马林诺夫斯基、米德等人在实地调查大洋上的岛民之后创建的。我们选了米德的代表作。马林诺夫斯基的《西太平洋上的航海者》是最重要的开创之作，好在它已经有了中文本。

我们今天向中国社会科学界推荐的民族志，当然不限于大洋上的岛民，不限于非洲部落，也不应该限于人类学。我们纳入了社会学家写美国工厂的民族志。我们原来也列入了保罗·威利斯（Paul Willis）描写英国工人家庭的孩子在中学毕业后成为工人之现象的民族志著作《学会劳动》，后来因为没有获得版权而留下遗憾。我们利用这个覆盖面要传达的是，中国社会科学的实地调查研究要走向全球社会，既要进入调查成本相对比较低的发展中国家，也要深入西洋东洋的主要发达国家，再高的成本，对于我们终究能够得到的收益来说都是值得的。

这个译丛着眼于选择有益于磨砺我们找"事"、说"事"的本事的大作，因为我们认为这种本事的不足是中国社会科学健康发展的软肋。关于民族志，关于人类学，可译可读的书很多；好在有很多中文出版社，好在同行中还有多位热心人。组织此类图书的翻译，既不是从我们开始，也不会止于我们的努力。大家互相拾遗补缺吧。

高 丙 中

2006 年 2 月 4 日立春

好想的摩洛哥与难说的拉比诺（代译序）

张　海　洋

按照"物有本末，事有始终"的中国大学之道，我们在读《摩洛哥田野作业反思》这本书之前，先得温习格尔茨《文化的阐释》里的两个案例：第一个是在那本论文集的最后一篇，是作者对巴厘岛居民斗鸡场景的深度描绘和丰厚阐释。其间有格尔茨夫妇通过跟居民一块儿狼狈逃避抓赌，竟使工作局面从一筹莫展到豁然开朗的佚事。第二个在开头一篇，讲的是法国殖民统治末期的摩洛哥故事：两个跟穆斯林柏柏尔人打惯交道的犹太商人夜投野店。一群柏柏尔牧羊人见财起意，杀人越货。两商人一个丧命一个乘夜色藏匿。财货被牧羊人席卷而去。天亮后，拣得活命的犹太商人一不报案二不逃命，反而只身冒死追上行凶者去论理。结果是一场天方夜谭：人多势众的行凶者按照部落习惯法，没有乘机把商人做掉灭口，而是容他取回了财货，还眼睁睁看着他挑拣出一大群肥羊赶回城去作抵命之资。城里的法国殖民官认为这结局不可思议，遂以通匪嫌疑把这个不幸而幸的犹太商人投入大牢，闹了个幸而不幸。

格尔茨揭示这个案例的道理：当事三方各有行事的规范。但不同规范只有在行事主体认为合适的时间、空间和场景下才会得到遵从。时空场景有变，行事主体的认知和认同即使不变，事件的结果也会不同。何况行事主体作为开放的社会动物,也没有一成不变的道理。格尔茨的故事给中国的《易经》做了一个注脚:人世间出人意料的事儿,原因大抵不外乎行事主体之"多"与事件环境之"变",再有就是行事人欲有所为而结构场景令其无能为力的尴尬。人要想事事遂心或"从心所欲不逾矩",就要学会见微知著和看风使船的本事。但这本事要人时刻不停地格物致知,小心翼翼地摸着石头过河,随时准备调整自己的认知和认同。那代价之高,也没几人真正肯付或付得起。结果,大家还是会选择省心,照文化规范行事。

人类学作为研究文化、理解人性、阐释地方知识和促进跨文化交流的学科,因此就离不开对具体时间、空间和行动主体的经历及其社会处境的把握。由于时间、空间、行事者的经历和处境都如此重要,实践的过程就一定会影响事件的结果。人类学的研究对象是作为主体的他者,必然涉及多样文化、多个主体(研究者与对象、研究对象的其他对象、大家共同面对的对象如当地警察等等)和多样的环境条件。把这些因素加在一起,行事主体就会随其所经历事件的过程和时空场景而有了极大的可变性。那道理就跟歌儿里唱的一样:山不转那水在转,水不转那云还转,云不转那风要转,风不转那人也转。时空条件的多样多变与行事主体的能动,从来就是开放社会人文学科的最大难题。

这个结论看来平淡。但细想起来,人作为由社会形塑出来的动物,既要保障生存生育又要追求意义和价值,既要身心安泰又要赢取他人的理解、承认和尊重,其命运也就只能如此。有了这个列维-斯特劳斯式的"结构"垫底,我们再到特定的时空里去理解和阐释特定社区人的处境和心态,也就有了一些依据。学科里因此才有了那么多把调查和研究都做得很好的前辈。

要而言之,人类学要研究人的社会文化实践,就要带着对当前社会问题的反思和问题意识,到目标社区去体察(参与观察)和聆听(焦点访谈)他者的处境和需求,领会和描述他者的经历,了解目标社区和结构性事件的时空场景及其过程,呈现和阐释行事者行动的意义体系和结构条件,写出好的民族志。如果没有对于主体意义、结构场景和事件过程的深刻理解,我们的研究导向不论是理论建构还是实践应用,都只会事倍功半或南辕北辙。

保罗·拉比诺的《摩洛哥田野作业反思》在两方面跟格尔茨和他的故事有关:第一,拉比诺是格尔茨在芝加哥大学时教出来的学生。他的这份"摩洛哥田野作业"是从格尔茨手上领来的活儿。由于格尔茨不久就去普林斯顿高等科学研究所(the Institute for Advanced Study, Princeton)做他的专职研究教授,所以拉比诺即他为数不多的及门弟子之一,也是他的关门弟子。第二,拉比诺要反思的"田野作业"地点,就在格尔茨故事所讲的摩洛哥乡下。拉比诺在那儿调查的塞夫鲁乡村文化习俗,都与柏柏尔部落有着千丝万缕的联系(参见本书附录)。拉比诺调查塞夫鲁乡下时,格尔茨夫妇正在调查塞夫鲁镇居民的生活。后来赫赫有名的格尔纳(Ernest Gellner)也在附近研究柏柏尔人。总之,他们是在同一个新兴阿拉伯国家做着同一个多元文化社会的比较研究项目。

讲到阿拉伯人和柏柏尔人,就要讲那个古老而擅长造神和敬神的闪含语系。闪含语系的家园在西亚和北非。它有东、西两大分支:东支闪米特语族的民族主体是阿拉伯人和犹太人。由此往东到伊朗和印度或往北到欧洲,就是印欧语系的天下。再往东北走,从土耳其开始就进了阿尔泰语系突厥语族的地盘,一直连可以到中国的河西走廊。印欧语系跟突厥语族中间还有一个高加索语系,那是格鲁吉亚人和车臣人的语言和国度。

西支含米特语(族)的主体民族主要有古埃及人和柏柏尔人。其内部又分北、东两支。埃及人是东支代表,柏柏尔人是北支代表。但在种族上,埃及人和柏柏尔人又都属于主导西亚和北非的欧罗巴人种。再往南穿过撒哈拉沙漠到东非、中非、西非和南非,才是真正的黑人非洲。黑非洲是早期人类的故乡,其文明形态另具一格。它把亲属组织和文化规范看得重于国家组织和宏伟建筑。但由于人类晚期历史偏爱起集权程度高和技术发展快的文明,所以黑非洲才先后成为印度文明、阿拉伯文明和现代欧洲文明角逐的场所。

今日北非各国的主流社会都已阿拉伯化。柏柏尔人也从公元7世纪开始受阿拉伯人支配,归信了伊斯兰教,变成了北非穆斯林民族集团中的逊尼派。但由于柏柏尔人长期在山地从事畜牧,历史上建立过柏柏尔国家,现在仍实行很高程度的部落自治,保持民族传统习惯较多,所以他们仍是西北非洲几个阿拉伯国家,特别是摩洛哥、阿尔及利亚、利比亚和马里的少数民族。今日柏柏尔人多半在山地或绿洲从事农牧业,保持父系家族制度,有把岩石古树或高地当作守护神祭拜的习惯,但也有了很发达的伊斯兰圣徒崇拜。把这些因素加在一起,使人联想起中国西北穆斯林门宦的传统社区。

摩洛哥地处非洲西北角,面对大西洋和直布罗陀海峡,扼大西洋通地中海的门户,自古是欧亚非三大洲人文交流重镇,也因此而一再引来周边强国的扩张和移民。古代的腓尼基人、迦太基人、古罗马人、阿拉伯和近现代的欧洲人都先后来此殖民。1956年,摩洛哥从法国和西班牙殖民统治下独立,1957 年建立君主立宪王国,1958 年与中国建交并保持良好关系。今日摩洛哥领土 459000 平方公里(不包括西撒哈拉地区),人口近 3000 万(80％阿拉伯人,20％柏柏尔人),阿拉伯语为国语,法语为通用语,伊斯兰教为主导宗教,拉巴特是其政治首都,卡萨布兰卡是其最大城市和经济首都。今日摩洛哥王国对外开放对内开明,注重人文建设、扶贫均富和可持续发展,在世界经济竞争力排行榜上位列第 61。

综合上述资料,我们构拟今日摩洛哥情况是:相当于中国云南省的面积,接近于中国西北山区的地貌和人口(但有 1700 公里面对大西洋和地中海的沿线和沿海低地),相当于前两年中国的人均 GDP(年均 1700 美元),但增长速度较慢。至于拉比诺 1968—1969 年做调查时的摩洛哥农村社区,我们也可做如下推想:今日中国甘青两省边地撒拉族、东乡族和保安族社区的生计方式、生活水准、社会开放程度和居民急于致富的心态,加上外国殖民经历,并把当地人对发展的乐观预期,换成一种想发展没机会,或曾经为固守社区传统而错过一次引进发展项目的机会,但仍然要打起精神把日子过下去且要恢复社区传统的心境。如果再有几个在当地开店谋生的外来移民和外出经商打工或求学的村民,那情形会更为逼真。

用这种"乾坤挪移大法"来构建本书的阅读背景有什么学理依据?拉比诺回答:本书使用的是现象学方法,研究的是阐释学问题。他引述利科,说现象学是一种过程描述:描述先在的意识如何影响文化行事者当前的行动,当前行动又如何使其发现新意义并将其作为今后行动意识的过程。简言之,那就是对主体的先在意识与事件的能动过程之间辩证关系的描述。阐释学的要旨是:通过对他者的理解来反思性地理解自我的社会和文化。那就是通过把研究对象主体化而把研究者自身客体化的办法,来达到理解对方、反思自身和追求互主性(intersubjectivity)的目的。这正是人类学的真谛真趣。那我们构拟摩洛哥行事主体的处境和心态,对读者又有什么好处?笔者回答:它能让我们远离把概念当事实的唯理论误区,从而把眼光更多地集中在社区行事主体上,把心思更多地用在对他们的理解上,从而使学术灵感的猫头鹰能在实践和反思之后飞翔起来。此外,文化传统的延续和社会变革的需求,是大家都在面对的课题。

接下来再看书里的故事就很简单。作者在"引言"和"结论"两处都交待得很清楚:一个对自身社会感到厌倦和失望的美国年轻学人,凭着他在芝加哥大学学来的人类学知识和讲法语的能力,出走到刚刚获得独立不久的摩洛哥去做实地调查和精神朝圣,想在异国他乡阿拉伯部落社区去看别人生活的意义何在。为了进入作者心中的麦地那,一个由宗教圣人后裔和仆从组成的社区西迪·拉赫森村,他不得不由表及里、一层一层地穿越各类中介者。在这个漫长而令人兴奋的穿越过程中,他自己的心态也有了始料不及的变化。

作者接触的摩洛哥社会最外层是一个开旅店的法国失意商人理查德。他身在摩洛哥却是局外人,或者说是法国边缘人。第二层是摩洛哥人与外国人之间的文化掮客,作者的阿拉伯语教师易卜拉辛。他是摩洛哥边缘人,但已能让作者领教到摩洛哥人的他者性。第三层是来自西迪·拉赫森村的塞夫鲁居民阿里。他是当地城市社会与乡村社区之间的中介,因而能把作者引荐进村里。到此为止,作者遇到的都是起桥梁作用的各种边缘人,但个个都有影响力。

终于进村,他又开始感受目标社区的能动性,即村民对外来人的控制力。为了接近社区文化的核心,作者明智地接受村里人对他的种种安排,忍受资讯人和村民们对他本人和他的汽车的种种利用。经过重重的复杂博弈,他终于被社区勉强接受并得到圣人后裔作为资讯人,因而大体知道了村里的社会脉络。此后他就开始兴味索然,转而追求对社区的超越,更多发展跟村里的其他另类人交往,包括那个回村度假、希望复兴社区传统并为此回村找寻宗教智慧和力量的大学生本·穆罕默德。他俩成了个人朋友,但各自的文化传统又界定了两人间的分歧:"彼此而言,我们都是深层的他者"。"每个人都意识到自己传统中存在深刻的危机,但依然回溯传统以期复兴或是寻求慰藉。"

至此,作者完成了一个像剥洋葱那样由表及里去认识他者,又从里向外来反思自身的循环周期。在此过程中,他攻克了当地人引为自豪、认为坚不可摧的阿拉伯文化三重堡垒:语言、女人和宗教。他学会了阿拉伯语,接触了当地女人,又与村里的圣人后裔深度探讨了伊斯兰教。结果他发现,世界上没有实质上的他者。大家彼此彼此,都是各自环境的产物,同时又是对方认知和认同的支撑物,因而也都是对方的他者。这个他者性的本质,"是不同历史经历的总和"。"隔开我们的,基本上是我们的过去。""不同的意义之网分割了我们。"但今日的全球化又使"这些不同的意义之网至少是部分地互相缠绕在一起。只有当我们意识到差别,对传统赋予我们的象征系统保持扬弃式的忠诚时,对话才可能实现。我们于是开始了各自的改变历程"。

这就是保罗·拉比诺对摩洛哥田野作业反思的成果。2007年的中国学者不会感到这成果有什么石破天惊之处。拉比诺的经历和道理对于讲了几千年"推己及人"和"吾日三省吾身"传统的中国人而言,肯定是既不费解也不难表述,尽管西化了的现代中国人做起事来可能另有一番模样。例如,中国的公众和公务员在跟社会底层、边缘和弱势群体打交道时,毕竟还会很自然地把他们看成学生或救助对象。老师没有向学生交待身世的义务。救助别人的人也没有反思自身的必要。但过去几十年的人类学里毕竟有了列维-斯特劳斯的《忧郁的热带》,有了马林诺夫斯基用波兰文写的《田野工作笔记》,后来又有了弗里曼的《玛格丽特·米德与萨摩亚》,还有了那个喜欢搞笑的英国人奈杰尔·巴利为解构人类学田野工作神话而专门写成的《天真的人类学家:小泥屋日记》。

但保罗·拉比诺在摩洛哥做调查的时间是 1968—1969 年,当时他 24—25 岁。1977 年本书初版时他也才 33 岁。那时的主流人类学家多半还视田野调查"如鲜血之于祭坛",并认为研究者与研究对象的关系是主体之于客体,先知面对后觉。拉比诺针对这种成见提出一个新信条:人类学家与研究对象是平等的实践主体。人类学调查如果只是想着窥测他者的世界,抓取目标社区材料来作主观的分析、解释并贸然建议整改,既不向目标社区和读者交待自我的认同和反思自身社会文化的局限,也不去理解当地人行事的主观道理和客观情境,那就是不可接受的田野工作,就不能通过这个学科的成年礼(rite of passage)!十多年后,拉比诺的这个信念作为反思人类学的成果,通过新锐同行马库斯、费希尔和克利福德等编写的《作为文化批评的人类学》和《写文化》等著作,多半已成为学科前沿的常识。

真正难说的倒是拉比诺其人。我们难说他的原因有二:首先他一直被一种超越于学科之上的哲学问题意识和社会使命所累,忙于在后现代几个领域里追奔逐北,迟迟不能明确自己在学科传统里的定位,遂使他的形象模糊多变、难于刻画。二是他虽然讲究反思却也心高气傲,一直很少讲个人身世。他虽然做过反思人类学的幕后推手,但很少操刀陷阵(为福柯做马前卒时除外)。他研究现代生物技术的著作虽然被译成了法、德、西、葡、华、日、俄等七种外文,但因为不能跟同行的作品对照而算不上学科典范。跟他要好的几位学科高手多半是说起话来喜欢绕绕乎乎的后现代阵营中的人物(试读布尔迪厄为本书写的"跋")。因为他在美国人类学界一直属于探索前沿的侦察分队而不是后面的主力部队,所以他在学科主流里的地位虽然不低但也不高。中国学界是经过 1950年代的院系调整、思想改造和 1960—1970 年代的"文化大革命"的,要消化被拉比诺视为保守派老营的哥伦比亚和密执安大学那样的人类学主流尚且费力,因而对他那属于后现代少数派阵营的14 本著作和近百篇论文至今就很少译介。

其实,拉比诺的学术简历用 10 号英文小字打印在 B4 纸上也有 16 页之多,说明他不是等闲之辈。中国上海科技教育出版社 1998 年就出过他 1996 年发表的西塞特公司民族志《PCR 传奇:一个生物技术故事》的中译本。总之,在中国做文化人类学的同仁到今天还不知有拉比诺这个同行前辈,也迟早会感到汗颜。

好在拉比诺 30 年前写的《摩洛哥田野作业反思》今天终于要出中文译本。耳顺之年的拉比诺也终于表示出愿意回归学科传统、跟同行对话交流以求共同引导学科前景的意向。我们因此才有缘看到他 2006 年 4 月发表在互联网上的那篇题为"迈向人类学实验室的步骤"的长文。这篇文章加上他的主要著作目录和他那张挂在加州大学伯克利校区人类系网页上的标准男一号照片,再加上笔者从金克木先生书里学来的一点儿侦探式阅读方法,终于能勉强地把他的学术身世和志向作如下一番"浅描"。

根据简历,我们知道拉比诺 1944 年出生,籍属美国。他的青少年在纽约市犹太人社区度过。1958—1961 年在斯泰弗森特(Stuyvesant)高中念书,家资应不低于中产。他 1961—1965 年到芝加哥大学学哲学,听过汉娜·阿伦特讲黑格尔《现象学》,说明他天资不薄,志向不小。1965—1966 年,他到法国巴黎高等研究学校交流一年,学会了用法语写作。1966—1967 年,他回到芝加哥大学人类学系拿硕士学位,所学课程包括马克思主义。在此期间,他投到跟福特基金会关系密切的人类学新锐格尔茨和施奈德门下。前者是美国的印度尼西亚研究专家、新兴国家研究委员会的成员、印度尼西亚与摩洛哥社会比较研究项目的策划者。他攻读博士学位的三年(1967—1970 年),就主要跟随格尔茨在研究摩洛哥人的伊斯兰教、社会生活与现代性当中度过。这三年研究催生出他最初的两部著作:第一部是 1975 年出版的《象征支配:摩洛哥的文化形态和历史变迁》(本书附录有其摘要),第二部就是 1977 年出版的这本《摩洛哥田野作业反思》。

拿到博士学位的拉比诺先回纽约,在不太精英的纽约城市大学分校之一里奇蒙学院当了几年助理教授和副教授(1970—1977 年)。他这几年没有白过:先是扛着副教授头衔去导师格尔茨的普林斯顿大学做一年访问讲师(1975 年),又到伯克利校区参加国家出资专门为非精英(即没有研究生院)院校教师举办的一期"人文学科研讨班"。他追忆那个研讨班的主持人是伯克利校区的罗伯特·贝拉，主题是"作为道德考察的社会科学"。那个研讨班使拉比诺把精英本色演绎得淋漓尽致：他先跟同事威廉·苏利文联手编了一个《阐释社会科学》读本，又编了一部《作为道德探询的社会科学》会议文集。他通过结识于伯特·德雷菲斯而把自己的哲学知识接续到后现代欧洲，为后来跟福柯和欧洲后现代学者交往奠定了基础。最重要的是，他被贝拉看中。本书出版次年，他就被加州大学伯克利校区人类学系聘为副教授，进入了这个由博厄斯大弟子克罗伯在美国西部创办的第一个人类学系，结结实实地打进了美国人类学精英圈。饮水思源，把他带进这个圈子的本钱还是摩洛哥田野工作。

站住脚跟的拉比诺从此埋头苦干 30 年，在两条战线上用力气：一条是福柯思想研究和推广。他 1979 年在斯坦福大学结识福柯，从此大量编写宣传福柯关于生命政治（bio-politics）思想的著述，不遗余力地向美国人类学界推介福柯关于现代知识权力合谋通过控制社会来控制人的思想，最终在美国把反思人类学做出了一番气候。他本人也成为美国与法国和欧洲之间的学术桥梁。其作用和干劲儿一如 1950 年代在法国向欧洲学界推介美国人类学的列维-斯特劳斯。福柯 1984 年逝世时，拉比诺已是美洲阐释福柯思想的权威之一。他因而多次访问法国，在那儿讲学、领奖甚至担任好几家研究机构的领导副职。这里固然有法国学界对他投桃报李的情份，但也说明他的福柯研究已不在法国同行之下。

拉比诺在伯克利校区的另一条战线是借助福柯思想，用人类学方法研究分子生物学和生物技术公司的生理和生态，特别是PCR（聚合酶链反应，即基因扩增）和基因组分析（即功能基因定位和解码)技术对人类自由和人类道德的影响。PCR 技术成熟于1980 年代,基因组分析随之成为科学热门。这些技术为人类认识自身提供了全新的手段和视角,为医药公司对症制药提供了靶标,也为有钱有权者控制人类的身体、思想、生命和生育打开了方便之门。拉比诺看出这东西对人类自由、人类多样性中蕴含的道德和尊严构成的潜在威胁,因而果断地把描述跨国高科技生物公司运作程序当作田野工作内容。他通过实地调查展示出技术、资本、媒体和广义社会针对人对健康的需求而博弈和忽悠的机制,旨在唤醒公众对资本和生物技术控制人伦和人命这一危险前景的关注。基于这两项工作,他在喜欢革命的伯克利校区文化人类学系坐上了头号教授的交椅,成了美国著名的医学人类学家,还作为后现代人类学代表担任了学校和国家许多机构的委员和顾问。目前,功成名就的拉比诺仍然坚持为本校学生上课,每周三下午 3—5 点开门接待学生,证明思想前卫的人也有很强的社会责任感。他在网页上自述研究兴趣如下:

"我的工作始终集中于作为问题的现代性。这是那些寻求应付其多样形态而生活者的难题,也是力求倡导或抵制各种现代权势和知识工程者的难题。这工作包括摩洛哥圣人后裔应付殖民和后殖民统治变化的方式,包括植根于法国社会计划宏大组合中的知识和权力关系的广泛配置,也包括我过去十多年对分子生物学和基因组(技术后果——译者加)的研究。

"我现在称这种方法为理性的人类学,即人类＋逻辑。谁是我们要探讨的人类? 知识如何构成了他们并帮助他们去理解自身及其环境?

"目前,我的研究重点是后基因组和分子诊断技术的发展。我试图发明一个分析框架，将其用于理解生物政治学和生物安全等问题。我的另一个相关研究兴趣是当代人的道德处境，特别是注意其动因和动向。"

我们根据这段夫子自道看出拉比诺在其学术生涯中用四个点走出来的一个菱形轨迹：

第一步是起始点。年轻的拉比诺师从格尔茨做解释人类学，给它加上了比导师更强的道德感而形成了田野工作反思意识。他的这种意识与美国人类学中的后现代新锐潮流相互激荡，成为反思人类学的核心内容。他用文化的符号性支配来解释摩洛哥新旧社会延续与变革机制的做法也较能被为人类学主流接受。他因而进了精英圈。

第二步是两个支撑点。而立之年的拉比诺主要做了两项工作：一项是在美国宣扬和阐释福柯的生命政治概念，倡导思想解放和反控制意识；一项是在危乎高哉的分子生物学领域和跨国生物技术公司做田野工作，把向来以研究社会底层为能事的人类学转换成研究经济和技术权力中心的利器。这是他继前人揭示政治权力中心运作真象的《国会山上的部落》之后，开辟的应用人类学又一个"上向研究（study up）"领域。这一取向引领着今日美国应用人类学把包括肉联厂在内的大公司锁定为田野工作场地，通过实地调查描述和阐释公司运作机制、工人处境、公司与媒体的关联，以及公司跟消费者之间的种种关系。在今日中国经济高速增长，而发展方向又不确定的关键时期，拉比诺的尝试对这里的人类学、社会学和民族学应用研究都有启示。

第三步是反思点。耳顺之年的拉比诺作为后现代学术明星著作等身、春风得意，但也要跟同行一起品尝近几十年学科道术分裂、人自为战、浪费资源、错失机遇,使前程扑朔迷离、不知所终的苦果,也要跟平民一起来面对从国家、市场和技术机器下维护身心、重建道德和争取尊严的艰难使命和不测前景。他看出这不是个人能决出输赢的事儿,因而开始讲究慎终追远,回归学科传统,倡导团队研究意识和机制。他提出的方案是:对内参照列维-斯特劳斯在法国创建的人类学实验室和格尔茨早年提出的跨国比较研究项目,对外参考政府政策研究室和大公司思想库模式,在大学之外建立多学科协调、课题分工、资料分享和聚会研讨的新型人类学实验室,从明确现实社会问题入手,以求得答案为目标。学者为此先要反思"现状的历史"和展望"近期的过去和可及的未来"以求取共识,并始终把关注点锁定在人类与人性、人的尊严和道德、现实社会中的剥削和支配以及人类活动的意义和秩序上。他相信只有建立这样的团队合作精神和学科实验室机制,人类学才能在现代社会起到人权、人道、人伦和人格卫士的作用。

拉比诺学术生涯菱形轨迹中的四个对角形成两组平衡对称:起始点的解释反思人类学对应于通过回归传统来创新学科知识生产体制的主张,后现代生物政治学对应于研究生物高科技的应用人类学实践。菱形的空心则是拉比诺的一块心病。它跟格尔茨难解难分。

作为格尔茨屈指可数的学生之一,拉比诺的晚年回忆对导师有所感念也颇多微词。微词多半集中在格尔茨自行其是的个性,对集体项目的漫不经心和导致学科发展机遇丧失上。拉比诺认为他的导师格尔茨才华横溢且好运连连,但都因为他那孤芳自赏的性格和知难而退的作风而没能转化成学科发展动力。先是越南战争期间，芝加哥大学人类学系的施奈德跟多数学生一起反对美国打仗，格尔茨偏以反共为名支持美国卷入。1967 年，格尔茨提出一个具有整合学科资源、积累研究资料前景的摩洛哥研究计划。这个充满创意的计划得到热烈响应并取得了阶段性成果，又因格尔茨中途变卦跑到普林斯顿大学而沉痛流产。普林斯顿大学让格尔茨干大事的条件比芝加哥更优渥。那里的大把资金和自由体制足够他协调同行重振学科声望。但格尔茨沉迷于个人兴趣和艺术家风格而不为学科筹划。更令拉比诺不解和扼腕叹息的是：格尔茨作为解释人类学的领军人物却拒绝参加 1980 年代美国学界因输入福柯代表的欧洲后现代社会思想而掀起的辩论和反思热潮。在贝拉因为倡导"道德的社会科学"而跟主张"用社会学解构符号霸权"的布尔迪厄打得不可开交时，格尔茨作壁上观。拉比诺这本《摩洛哥田野作业反思》出版时，贝拉和布尔迪厄都为此写了序言。格尔茨却力劝作者莫出此书以免自毁前程！

　　透过格尔茨，拉比诺看明白了一个道理：维护人类道德良知的最终是集体的事业。这事业既需要个体艺术创作灵感也需要工业生产那样的集体协作。没有集体协作的个人艺术创新再突出，作用终归有限；没有艺术创新的集体协作容易流于平庸，虽然能有所传承但没有竞争力。总之，学科知识生产的道理跟人类文化的传承如出一辙。拉比诺没有讲马塞勒·莫斯在他钟爱的法国学术中所起的作用。但从他的设想中，我们能看出他对莫斯那样"知其不可而为之，肯为团队做马牛"的身影重现学科充满期待。对于格尔茨那种功成名就之后就去走独善其身的隐士路线的做法，他是深深地不以为然。但拉比诺责备前贤时也应想到，格尔茨当年放弃芝加哥出走普林斯顿固然有择木而栖的个人算计，但芝加哥大学的学生不肯听话(unruly),师道没有尊严也应是原因之一。格尔茨当年也是从学生身上看出人心不古、大势去矣,才选择了那条隐士路线。

格尔茨在普林斯顿逝世至今已经40年。他在《追寻事实之后》中总结自己"两国四纪一学人"的学术生涯,用的仍是"我的城镇,我的专业,我的世界和我本人"那种令反思(和批判)人类学家们深恶痛绝的口气。但经过40年特立独行的拉比诺如今已经老成。他开始构思学科的认同和学科发展。我们希望这是人类学分久必合的好兆头。

本文是笔者应高丙中教授之约,为拉比诺教授画的一幅速描。跟多半读者一样,笔者也没见过拉比诺教授其人。读者大可以把它看成是笔者的一些个人感悟和理想。如果这份理想跟读者有些许接近,让大家觉得"心有戚戚焉",那笔者当然万幸。如果它跟所有人的想法都格格不入,笔者也只能用拉比诺给他第一部著作的命名《象征支配:摩洛哥的文化形态和历史变迁》来做托辞:从摆在眼前的同一组象征里,各位看到了历史变迁,笔者看到了文化形态。历史变迁取动,重手段创新,结果人人不同;文化形态取静,重道德需求,结果大同小异。2004年前的拉比诺看重的是前者,今天他看重的是后者。虽然前者跟后者有不同的侧重点,但他自从进入学科之日就一直对于人类的"道德性"情有独钟也是事实。

中国古人读《易经》,感其作者有隐忧。我们读拉比诺的《摩洛哥田野作业反思》和他后来的所有著作,也会感到作者有不可名状的焦虑和隐忧。隐忧的根源是关切。任何人只要对人文社会长期关注,目睹人世纷繁变化,思考其可否持续的前景,反思自身在其中能起的作用和应该选择的策略,隐忧迟早会油然而生。

今日中国唯物论当头，人人讲资源开发和物质生产。中国文化大传统的几部经典虽然也讲利用厚生，却始终关注道德良知和人伦人道。结果它不仅传承了几千年，还保证了中国一直能生育出世界四分之一左右的人口。如果古人也像我们今天这样天天讲开发，那我们能否看见中国的今日都会是一个大大的问号。摆在我们面前的问题是：怎样保证我们的孩子和孩子的孩子还能在一个有水喝和有人味儿的中国里过活。这样看，古人的忧思也是我们的。

人类学确如泰勒所言，是"改革者的科学"。它既然是改革者的科学，内容就要与时俱进。今日中国的改革需要的不再是优胜劣汰、适者生存的天演论，而是能从社会发展转向文化生态学，能阐释多元文化与和谐社会，能重建有神社区，通过人人互惠和天人互惠来维护可持续发展的道德文化再生产论。中国古人讲"克己复礼，天下归仁"，"慎终追远，民德归厚"和"兴灭国，继绝世，举逸民"的用心在此。拉比诺的隐忧在此。我们的期待也在于此。

人心唯危，道心唯微；唯精唯微，允执厥中！

2007 年 9 月 16 日于中央民族大学 *

---

* 感谢研究生陈韦帆和索南为本文写作所做的初期准备工作。本文中的谬误之处由海洋本人承担所有责任。

　　此书献给我的那些摩洛哥伙伴,为了保护他们的隐私,他们的姓名在书中已经改换。

　　下列人士一直特别慷慨地帮助我:罗伯特·贝拉,让-保罗·迪蒙,凯文·戴怀尔,克利福德·格尔茨,尤金·根德林,谢里·奥特纳,罗伯特·保罗,格温·赖特。我最想感谢的是保罗·海曼,感谢他的具有震撼力和理解力的照片,感谢他敏锐而独到的洞见,感谢他的友情。

目　　录

中译本序 ……………………………………… 保罗·拉比诺（1）

序 …………………………………………… 罗伯特·贝拉（17）

引言 …………………………………………………（21）

第一章　垂死的殖民主义的残余 ………………（27）

第二章　被打包的物品 …………………………（37）

第三章　阿里：一个局内的局外人 ……………（45）

第四章　进入 ……………………………………（77）

第五章　可观的信息 ……………………………（101）

第六章　越界 ……………………………………（119）

第七章　自我意识 ………………………………（125）

第八章　友谊 ……………………………………（135）

结论 ………………………………………………（143）

跋 ……………………………………… 皮埃尔·布尔迪厄（155）

参考文献 …………………………………………（159）

附录　《象征支配》译介 ………………… 王玉珏（163）

中译本序：哲学地反思田野作业

　　田野作业曾经是、现在仍然是界定人类学这一学科的标志。①
或者更准确地说，做田野作业在 21 世纪仍然是成为一个人类学家
的必要条件。最开始的时候，田野作业、民族志与人类学的结合是
一项重大革新，因为当时关于世界其他部分的知识是由书斋里的理
论家、社会进化论者和寻找异国情调的旅行家，或那些不得不依赖
于旅行家的报告的人来进行生产的。② 在场(being-there)与初具雏
形的概念和理论部分之间的创造性联结虽然是关键的、有益的，但
在学科的概念进步与被认为是进步之源的研究方法之间却渐渐发
生了偏离。随着田野作业的最初动机和它越来越理所应当的地位
之间进一步偏离，田野作业成了一种强制性的"通过仪式"或诸如此
类的仪式，无须被公开审查。问题是迟早要被提出来的。如果人类

　　① 感谢斯蒂芬·科利尔(Stephen Collier)、乔治·马库斯、卡洛·卡迪夫(Carlo
Caduff)、玛里琳·赛义德(Marilyn Seid)、梅格·斯塔尔库普(Meg Stalcup)和托拜厄斯·
里斯(Tobias Rees)对本文提出意见。
　　② Stocking, G. W. 1983. "The Ethnographer's Magic. Fieldwork in British An-
thropology from Tylor to Malinowski," in *Observers Observed*. *Essays on Ethnographic
Fieldwork*. Edited by G. W. J. Stocking, pp. 70—120. Madison: University of Wis-
consin Press.

学这一学科依赖于参与观察或民族志田野作业,那么为何我们会这么少去关注田野作业的本质和田野作业的经历?况且,我们到底认定田野作业对批判性思考的实践有什么贡献?

作为一个 1960 年代中期的芝加哥大学的研究生,这些盲点激起了我的好奇。这种好奇心有一部分源于如下事实。作为 1960 年代早期的一名芝加哥大学生,我曾经沉迷于哲学史(西方的、印度的、中国的、伊斯兰的),即文明之间的比较研究(每个大学生都被要求修一门由多个学科的专家共同教授的文明比较课程——我选的是"印度文明",由梵语学者、历史学家、人类学家、文学评论家、诗人、宗教比较专家、地理学者,可能还有其他学者共同教授)。虽然参与观察或民族志田野作业在这门课上偶尔会被提到,但它们在有关文化、社会和文明的知识生产中似乎并没有任何绝对优先的地位。在 20 世纪,与这些话题相关的学术成果似乎也没有以田野作业方法的兴起为前提。那么,田野作业到底担任着怎样的独特角色呢?

此外,我的哲学导师,理查德·麦基翁(Richard McKeon)虽然坚持在概念上要极端严密,但却站在实用主义的立场上教哲学:哲学嵌于实践和世界之中。① 思想还可能是别的什么吗?尽管像查尔斯·桑德斯·皮尔斯(Charles Sanders Pierce)和约翰·杜威(John Dewey)这样的实用主义者们曾经探讨过经验的话题,但它也是 20 世纪思想中的法国传统的重点,虽然是以一种迥然不同的

---

① McKeon, R. 1974. *Thought, Action, and Passion*. Chicago: University of Chicago Press. McKeon, R. 1990. *Freedom and History and Other Essays. An Introduction to the Thought of Richard McKeon*. Chicago: University of Chicago Press. McKeon, R. 1998. *Selected Writings of Richard McKeon. Volume One: Philosophy, Science, and Culture*. Chicago: University of Chicago Press.

方式,而这种法国传统自高中时代起就引起了我的兴趣。让-保罗·萨特(Jean-Paul Sartre)、莫里斯·梅洛-庞蒂(Maurice Merleau-Ponty)和克劳德·列维-斯特劳斯(Claude Lévi-Strauss)提供了对经验的论战式的反思,他们分别把经验理解为意识、行动和政治。① 在法国学术圈的高层,有关理性的普遍性[卢西恩·列维-布留尔(Lucien Lévy-Bruhl)]、宗教体验[莫里斯·林哈特(Maurice Leenhardt)]、性欲、异国情调和主体性[乔吉斯·巴塔伊(Georges Bataille)和米歇尔·莱里斯(Michel Leiris)]以及相关话题的辩论终究还是迅速蔓延开了。②

列维-斯特劳斯的《忧郁的热带》(1955)至今仍是一部了不起的杰作,苏珊·桑塔格(Susan Sontag)称其是"作为英雄的人类学家"要去见证那个据说"正逐渐衰败的世界",那个卢梭式的天堂。在那里,耽于肉欲、易动感情的土著人生活在悸动的、扑朔迷离的宇宙中;在那里,没有自然与文化、个人与群体、直观体验与意义之分。③ 自打卢梭起,他者的世界就是一个被虚构的地方,那里的人们对现代人的疏离感毫不知情。列维-斯特劳斯知道他正在写作

---

① Sartre, J.-P. 1948. *Being and Nothingness*. New York: Philosophical Library. Sartre, J.-P. 1976. *Critique of Dialectical Reason*, Vol. 1: *Theory of Practical Ensembles*. London: New Left Books. Merleau-Ponty, M. 1962. *Phenomenology of Perception*. New York Humanities Press. Merleau-Ponty, M. 1973. *Adventures of the Dialectic*. Evanston: Northwestern University Press. Lévi-Strauss, C. 1966. *The Savage Mind*. Chicago / London: University of Chicago Press. Leiris, M. 1934. *L'Afrique fantôme. De Dakar à Djibouti*, *1931—1933*. Paris: Gallimard.

② Lévy-Bruhl, L. 1965. *The Soul of the Primitive*. London: George Allen & Unwin. Leenhardt, M. 1979. *Do Kamo. Person and Myth in the Melanesian World*. Chicago: University of Chicago Press. Bataille, G. 1986. *Erotism. Death and Sensuality*. San Francisco: City Lights Books.

③ Lévi-Strauss, C. 1974. *Tristes Tropiques*. New York: Atheneum. Sontag, S. 1966. *Against Interpretation, and Other Essays*. New York: Farrar, Straus & Giroux.

一部长篇的哲学小说——这并不表示它是虚假的——小说的中心主题从根本上说是他自己的处境和他自己的经历。① 哲学的航行与麻木不仁的歪曲之对照贯穿全书。这种歪曲来自寻找异国情调的观光业和旅行；来自现代人的怜悯（他们想通过艺术找到一种适当的补偿方式）；还来自受进步驱动的"热"文明那可悲的、破坏性的无知。这些丰富的话题从未被如此深刻地书写过。《忧郁的热带》是法国文学中的杰作，是从巴尔扎克经福楼拜和左拉一直延续到 20 世纪的伟大的虚构现实主义传统内的一个转折点。

考虑到这种背景，"一个（哲学上的）贫苦男孩能做"什么呢〔引自米克·贾格尔（Mick Jagger），他当时是一名伦敦经济学院的学生〕？要到摩洛哥阿特拉斯山脉中部做的这件事充满了田野作业的神秘感，但是我并没有被训练过该怎么去做这件事，或者它为何如此至关重要。② 我就这样去了。在我费心地琢磨要如何去观察和参与时，困惑也随之增长。在那些寒冷而孤寂的夜晚和那些炎热而孤寂的白天，对困惑的反思成了慰藉的来源。我正在做什么？《摩洛哥田野作业反思》尝试要回答这个问题，或许更准确地说，是尝试以一种不同的方式提出这个问题。现在看来，我原本是想像列维-斯特劳斯那样，在摩洛哥很浪漫地尝试一种瓦格纳式的人类学，一件完整的艺术品。但情况很快而且骤然地就清楚了，摩洛哥人并没有生活在什么天堂里，他们也没有陷入怀旧的泥潭。我

---

① 很明显，卢梭在《论人类不平等的起源》一书中对"自然状态"的著名描述是一种对文明的批判。

② "贫苦男孩"引自滚石乐队的歌曲《街头战士》（Street Fighting Man）中的一句歌词。

需要别的分析方式和写作方式:更加 20 世纪的方式。

《摩洛哥田野作业反思》刚刚写完时(1974 年),读者的反应是某种震惊和不悦。人们觉得这本书太具有个人色彩;认为一个年轻的人类学家去反思他的经验是不合宜的,因为那是那些基本上结束了调查研究的老资格的人(至少是说英语的人)的特权;它使某些喜欢把各种遭遇描述限定在闲谈范围内的读者局促不安;它不是用一种科学的文体写作;等等。总之,我没有获得写这样一本书的权利,至少是没有权利出版它。六家大学出版社接受了我的前辈们深思熟虑后的意见,拒绝了这本书。我的指导老师,克利福德·格尔茨(Clifford Geertz),以最严厉和最简短的语气(尽可能亲密地表达出他的关心)告诉我,出版这本书将会毁了我的前途。由于那是一个不同的年代,年轻的学者们远没有如此关心他们自己的前途,这部分是因为当时的就业机会很多,部分地也因为我们心里有不同的想法,于是拒绝和告诫都被当成了耳旁风。它们只不过加强了我的一个看法,即这个领域需要被改变:必须对田野作业进行反思,必须反思它的历史情境;必须反思它的体裁约束;鉴于田野作业与其殖民的和帝国的过去的关系,必须反思它的存在和价值;必须反思它的未来。我设想《摩洛哥田野作业反思》是一个想把这些话题摊开来以供讨论的谨慎尝试,也设想它是一个想把杂乱而纷扰的经验弄明白的努力。

借由加州大学伯克利分校的罗伯特·贝拉的影响力,手稿最终被挽救了。罗伯特·贝拉是一位社会学家和解释社会科学的领军人物,1975 到 1976 年间,我曾经有幸和他一起参加了一个由国家出资为大学教师举办的人文学科研讨会。贝拉慷慨地代表我与加利福尼亚大学出版社交涉,向特定的编辑解释他认为这本书写了些什么——田野作业被视为一种道德体验和道德追求——以及它对人文科学有何贡献（参见他的序言）。后来这本书被翻译成法文时，皮埃尔·布尔迪厄写了一篇和序言相对的跋，既挑战了贝拉，也扼要地说明了我原本应该怎样来写这本书。布尔迪厄的介入或许是出版史上最不寻常的时刻之一，因为一本书的序言竟被这本书的跋所驳斥。争论的目的意义重大：布尔迪厄文雅地称之为"哲学中的田野作业"的事情该如何去做。布尔迪厄的主张是，在现代社会，要着手处理哲学的传统问题，只能通过社会学这一媒介去理解知识如何被生产。否则，那种认为思想是自由的、思想远离权力关系和占统治地位的结构性社会关系的天真幻觉，将只会继续生产出幻觉和意识形态。布尔迪厄为研究的经验维度贴上了"参与者客体化"（participant objectivation）的标签。格尔茨、列维-斯特劳斯、贝拉和布尔迪厄各自以其独特的方式，开创性地回答了传统的哲学工作应当如何与经验主义的调查相结合。大致来说，他们的问题是一致的，但他们在解决问题的方法上却存在很大分歧。如果要取得概念上的进步，解决问题的方法当然必须依赖于问题的提出。不幸的是，他们的意见交换并没有产生多少结果，因为它们转变成了辩论术而非科学的进步。

　　我面临着同样的问题和挑战，因而我现在可以坦白，《摩洛哥田野作业反思》有一个隐藏的概念背景作为框架。首先，我从克劳德·列维-斯特劳斯在《野性的思维》（*La Pensée sauvage*）中的观点得到灵感，即，就大多数的人类历史而言，知觉（percepts）和概念（concepts）曾经是结合在一起的。[1] "野性的思维"不是疏离的，即

---

① Lévi-Strauss, C. 1966. *The Savage Mind*. Chicago / London: University of Chicago Press.

它并没有把鲜活的经验和清晰准确的分析工作区分开。但其次,我也知道这种视角并不像列维-斯特劳斯以为的那样与现代性格格不入。在西方哲学里,这种感官经验与哲学分析结合为现时展开的叙述的最漂亮的例子,至少对我来说,可以在黑格尔的《精神现象学》中找到。① 考虑到它的叙述的力量,即使不是它最终的真实性,通过矛盾和斗争而展开的强大的思维辩证法几乎无法被否认。事实上,《摩洛哥田野作业反思》依照黑格尔现象学中的逻辑来编排章节,虽然没有任何辩证的终点。在这本书出版的时候,要明白地说出这其中任何一点,对我来说都会是某种对失败的承认,因为我向自己提出的挑战是要发现一种可以让概念的运作,尤其是其运动,在对鲜活经验的叙述中被具体化的形式。我要是将这本书的概念支撑阐述得更加清晰,就将戏剧性地改变读者们对书里所讲述的反映了经验、洞察力和局限性的质朴故事的理解方式。如果读者们对那个"性场景"感到震惊或不悦,那么就想象一下,如果他们事先被告知它实际上是试图重述黑格尔有关感官经验的章节,结果会如何。今天看来,"性场景"的描述还是温和的,尽管的确有一个评论家将摩洛哥的性别问题归咎于我。这个指责是如此奇怪,竟要求一个西方的人类学家去解决那个问题。

除了思考作为一种方法和一种生活方式的传统哲学的局限性,我还关心别的哲学议题。我从贝拉的研讨会上获得的其他重大收获还包括与威廉·沙利文(William Sullivan,我和他编了两册关于解释社会科学的书)的相识,以及最重要的是和休伯特·德赖

----

① Hegel, G. W. F. 1977. *Phenomenology of Spirit*. Oxford: Oxford University Press.

弗斯（Hubert Dreyfus，伯克利非凡的哲学家）的相识。① 德赖弗斯传授给我海德格尔的哲学，并顺着海德格尔，又教给我大量的欧洲传统哲学和现代哲学，我以前对这些很不熟悉。1978 年，正是在我与德赖弗斯进行热烈讨论的期间，事实上也是在我被委以伯克利人类学系的一个职位的期间，我认识了米歇尔·福柯。1979 年，福柯正在斯坦福大学访问，德赖弗斯和我请他加入了持续的、充满激情的争论与对话。我们非常愉快，福柯似乎也乐在其中。顺其自然地，德赖弗斯和我写了一本关于福柯的书；福柯开始每年到伯克利讲学；他还协助汇编了一本关于他的作品的读本；接着，悲剧发生了，他在 1984 年死于艾滋病。②

* * *

1986 年，《写文化：民族志的诗学与政治学》的出版是美国人类学的一个分水岭。③ 该书掀起了一场激烈的讨论，虽然偶尔显得空洞。这场讨论围绕着被认为理所应当的传统民族志写作的叙述形式的本质，也围绕着人类学内部（相对）未经审查的权力关

---

① Rabinow, P., and W. Sullivan. 1979. *Interpretive Social Science : A Reader*. Berkeley / Los Angeles / London：University of California Press. Haan, N., R. N. Bellah, P. Rabinow, and W. Sullivan. Editors. 1983. *Social Science as Moral Inquiry*. New York：Columbia University Press.

② Dreyfus, H. L., and P. Rabinow. 1983. *Michel Foucault. Beyond Structuralism and Hermeneutics*. Chicago / London：University of Chicago Press. 只有一家出版社拒绝该手稿。Rabinow, P. Editor. 1984. *The Foucault Reader*. New York：Pantheon Press.

③ Clifford, J., and G. E. Marcus. 1986. *Writing Culture. The Poetics and Politics of Ethnography*. Berkeley / Los Angeles / London：University of California Press.

系,以及那些将人类学家与她的研究对象联系或区分开来的权力关系。① 尽管除了前期和后期的一些讨论,我还参与了《写文化》的写作,但我总感觉自己与接踵而来的辩论和论战有些不协调。在我看来,对民族志和田野作业的迷恋多少还依然如故。谁被授权说话以及讲话(还有它的书面转换)应采取什么形式的问题本来应该并且能够在有潜在重要性的方向上大大推动讨论,但不幸地,它趋向于提供一种对主体性的轻易信任,并且到头来也没有支付人们期待中的、早就被预告了的转型带来的利益红利。这场讨论似乎即将发明出一些虽非实证主义的、却想方设法超越(给定的)自我的思考和研究模式,但恰恰就在这时,我们以极为美国的方式把对知识主体的关注变成了告解室里以"自我"为中心的讨论。格尔茨和布尔迪厄以那种自我放纵的方式表现出的巨大的愤恨——除此以外他们没什么共同点——出自对形势的诊断,但他们没有一个人做出了将在科学上或哲学上推动事情发展的充分干预。勇气的缺乏与多元文化主义和认同政治的浪潮(这一浪潮在美国学院的精英阶层中涵盖了众多人文学科和定性社会科学)相结合,或多或少使得我所感兴趣的写文化之转向的那些方面归于沉寂。我再一次发现自己对主流的讨论若即若离。

我认为,看起来的确卓有成效,也的确导向新的研究和新的写作形式的一个主题是对"民族志的现在时"(ethnographic present)的批判。乔治·马库斯、詹姆斯·克利福德(James Clifford)、雷纳

---

① 这个简短的片段不是要评论在这本书出版之后的 30 年里衍生出的内容广阔的著作。有一个极好的评论是乔治·马库斯的《不畏艰险的民族志》(Marcus, G. E. 1998. *Ethnography Through Thick and Thin*. Princeton:Princeton University Press)。

托·罗萨尔多(Renato Rosaldo)、玛丽·普拉特(Mary Pratt)等人表明了,认为文化概念或社会概念中有一个稳定的内核这一核心观念如何促进了传统的田野作业和民族志方法。[1] 他们论证了那种方法是如何将这些"没有历史的人们"通常拥有的复杂的、"热的"历史背景化或忽视它,并且正如罗萨尔多用民族志细节说明的那样,他们也清楚这种历史。克利福德和其他人强调,不要用喷枪扫掉俗语所说的"沙滩上的可乐罐",即许多当代元素在这些民族志主体的日常生活中的存在。在《写文化》之后,民族志的现在时所剩无几。人类学(以及其他学科)的问题随之变成了:接着会是什么?

在酝酿《写文化》期间,我曾天真地想到越南做田野作业,这一企图被当时严酷的政治现实所阻碍。于是我的学术工作转变成从历史角度研究社会现代性的新兴机构,这种现代性使"社会"呈现为一种知识的客体和技术的创新。我专注于法国和它的殖民地的世界(尤其是摩洛哥和越南)。由此产生的结果——《法国的现代人:社会环境的规范与形式》——可以被恰当地解读为福柯的"现在的历史"的一个例子。[2] 该书以其独特的方式成为论述欧洲殖民史的修正主义文学的一个部分,也成为批判的西方思想史的一个部分。一旦诸如民族志的现在时基本上是非时间性的、文化之

---

[1] Marcus, G. E., and M. M. J. Fischer. 1999. *Anthropology as Cultural Critique. An Experimental Moment in the Human Sciences*, 2nd edition. Chicago / London: University of Chicago Press. Clifford, J. 1982. *Person and Myth. Maurice Leenhardt in the Melanesian World*. Berkeley/Los Angeles/London: University of California Press. Rosaldo, R. 1980. *Ilongot Headhunting, 1883—1974. A Study in Society and History*. Stanford: Stanford University Press. Pratt, M. L. 1992. *Imperial Eyes. Travel Writing and Transculturation*. London / New York: Routledge.

[2] Rabinow, P. 1995. *French Modern. Norms and Forms of the Social Environment*, 2nd edition. Chicago / London: University of Chicago Press.

间是统一的、观察者是中立的这类假设在学术和政治的意义上都遭到质疑，那么这种多维度的分析思路还是对如何继续研究这一问题最有意义的回答之一。

我当时认为（现在仍这样看），随着民族志的现在时的粉碎（连同那些对文化概念的批评等），人类学这一学科要有未来，单靠历史的工作（无论它多么有价值）是不够的。同样地，也是趋于一致的看法，假使我们承认批判的核心是针对传统的方法和写作、调查模式，那么如何哲学地做田野作业这一挑战就吁求创造性的回答。我把我解决这一问题的途径命名为"当代人类学"。我已经在《今天的"人类"：反思现代设备》，还有一系列聚焦新兴生活科学的实验性专著中探究并详细阐述了它的方法和概念。①

这一诉求涉及三个指导思想。首先，人类学既不能简化为田野作业（许多方法中的一种），不能简化为民族志（还有不同于"民族"的客体），也不能简化为哲学的人类学（一种对人类或人类天性的本质的先验推论）。毋宁说，人类学可以被理解为一组历史地变化着的实践，这些实践与人们所认为的"人类"和"学"（*logoi*），即与界定和形塑这一学科的科学和话语，联系在一起并动态地相互作用。人类是政治的动物？是根据上帝的想象造出来的不完美的存在？是充满欲望、仅仅是部分地意识到自己的动机的、受本能驱使的动物？是通过符号的运作而实现其动物本性的存在？是意义之

---

① Paul Rabinow, 2003. *Anthropos Today. Reflections on Modern Equipment*. Princeton: Princeton University Press. Rabinow, P. 1996. *Making PCR. A Story of Biotechnology*. Chicago / London: University of Chicago Press. Rabinow, P. 1999. *French DNA. Trouble in Purgatory*. Chicago / London: University of Chicago Press. Rabinow, P., and T. Dan-Cohen. 2006. *A Machine to Make a Future. Biotech Chronicles*. Princeton: Princeton University Press.

网的纺织工？是自己的历史的产物？是混合了自然与社会力量的环境的主宰，还是受害者？解决人类是什么这一问题的一个办法（只是其中一个，因为还有其他方式）是要把注意力集中在各种各样的知识实践上，这些实践被授权就"人类"发表声明。我们可以研究促成了某种特殊的"人类"形式的"学"（几乎总是复数形式），以及"人类"形式采纳并努力接受那些真实的声明的方法。依照这种解决办法，人类学就是面临着如下问题的学科："人类"是什么？我们如何认识它？鉴于我们这些认识者本身就是这个问题、困难和所提出的答案的一部分，后一问题就成了一个特别棘手的问题。

其次，当代不是现代。在各个重要方面，对合成的时间性的关注作为一种日益占主流的指涉事物的模式出现于现代之后，但它并不是简单地代替现代。因此当代不是一个表示新时代的术语。让我解释一下。大多数在 20 世纪里给自己贴上现代主义标签的各式各样的运动异常依恋那些所谓的新事物。并且，他们对新事物的认定往往囿于一种大致明晰的历史哲学，这种历史哲学认为新的通常更好，或至少是不可避免。与文化概念相对应，人们认为时代（eras）或纪元（epochs）有一种统一性，可以将实践和经验的不同领域捆绑成一个整体，即使不是天衣无缝，至少也前后连贯。但是，由于这类本体论实体（文化、时代）中的信仰和信念已经遭到了挑战，所以理解现代主义和"现代"要求与其假设保持一些批判的距离，有些人已经看到了这一点。这个距离可以通过显示出偶然性、矛盾、阶层差别等的历史工作来达到，也可以通过有意识地放弃新时代的思考，包括放弃其中许多似乎可以正确地被重新检查的预设来达到。那种重新检查的目的不是解构，而是重估。有鉴于此,在许多领域内,旧的元素和新的元素共同存在于多元化的变化之中,这是显而易见的。如果我们不再假设新的是占主流的,而旧的是以某种方式残留的,那么较旧的和较新的元素如何被赋予形式并(或和谐或不和谐地)共同起作用的问题,就成为一个有意义的调查点。我称那个点为当代。譬如,人类的基因组已经被绘制成图、人口的差别可以在分子水平上被鉴别的事实并不意味着,有了这种新知识,人们以前的对种族的理解就消失了。但它也不意味着,所有过去的对差别由什么构成的理解经历了根本的转变。而是说,对当代的人类学提出的问题是不作事先推论地去探究正在发生着什么。这就要求持续的研究、耐心和新的概念,或修正旧的概念。

第三,强调再生产(reproduction)与强调新兴(emergence)是有区别的。这种区别对世界上的主体和分析者来说同样存在。人类学中的绝大多数和其他社会科学的重要部分都致力于分析社会或文化如何通过制度、符号运作、权力关系或理性的巧计再生产自身(这也包括许多"变化"模型)。关于这种分析模式,我们可说的还很多。但已经清楚的是今天出现了一些其他现象,恰如在别的时间、别的地点(尽管我们对此知之甚少)无疑也出现了别的现象。换句话说,按照以前的分析模式或既有的实践,这些现象只能被部分地解释或理解。于是,这类现象要求一种与众不同的处理模式、一批合适的概念,以及几乎肯定不同的表述模式。

在某种程度上,关于当代的和新兴事物的人类学的许多方面在《摩洛哥田野作业反思》里都被呈现出来,尽管它们没有用这种术语来表达。首先,这本书明确表示,不管是摩洛哥人还是美国人类学家,他们都不是在一个静态的或非时间性的文化里工作。人类学家和他遇到的摩洛哥人都在为要成为什么样的"人类"而进行着斗争,并且通过诉求于某种传统的知识体系而为这项民族/政治使命寻找支持,一边是需要某种新的形式的摩洛哥伊斯兰传统;另一边是欧洲和美国的思想与政治传统。在某种意义上,这本书在可以被称为自我塑造的"民族实践"——在历史的、政治的和跨民族的环境下的一组——中发现了共同点。其次,这本书的研究发现,不管是摩洛哥人,还是人类学家,他们都不是对新事物着迷或认定进步是历史过程的自信的现代主义者。相反,他们二者都在努力做到忠实于传统的各个方面,他们的传统至今仍提供着道德的和本体论上的洞察力。他们每一方都以非常不同的方式希望发现一条将新的和旧的元素结合起来的道路。我的第一本书《象征支配:摩洛哥的文化形式和历史变迁》中有句话:"传统是变化着的对过去的想象",这句话指向了当代,但缺乏概念工具以标示其特殊性。① 文章接着指出,当占支配地位的象征符号不再能使过去具有意义而又没有被取代时,疏离的时刻就开始了。摩洛哥人和人类学家都是极其相似的现代人。第三,《摩洛哥田野作业反思》比较自觉地想去描述那些新兴的关系,尽管黑格尔式的幕布遮蔽了一些关系的性质,并且可能让这些关系比实际所是的那样更加线性。和我一起生活在山区村庄的摩洛哥人当然努力地想发现一种手段以再生产他们的文化遗产和深嵌于其中的神圣权力,他们锻造着旧元素和新元素的当代关系,但始终如一地试图采用再生产的模式进行,而不是采用新兴的模式。我尝试着将他们如何与这种状况作斗争写成编年史,同时也尝试弄清我自己的方式。

---

① Rabinow, P. 1975. *Symbolic Domination. Cultural Form and Historical Change in Morocco*. Chicago / London: University of Chicago Press.

　　在随后的数十年里,我看到上述这些长处和缺点都变得清晰可见,因为我是以自己的奇特方式哲学地探究田野作业的。毫无疑问,其他许多人已经发现《摩洛哥田野作业反思》中的内容是可以被丰富的、让人愤怒的或可以争议的。就某种程度上说,那些经验已经引导他们去质疑什么是"人类"和"学"(无论这些话题由什么词汇构成),因此,一个初出茅庐的人类学家的书仍然值得传播,值得以预料得到和预料不到的方式阅读。归根结底,还有别的什么是批判性思考所关心的呢?

保罗·拉比诺

于 2006 年 6 月

序

保罗·拉比诺从保罗·利科(Paul Ricoeur)那里借用了一个颇有启发性的短语来概括阐释的问题和本书的问题："通过对他者的理解，绕道来理解自我。"本书的大部分篇幅都被赋予了这个目的，着意面对在投身于理解他者的过程时所遇到的巨大困难和千头万绪的问题。我们只是隐隐地看到，理解他者的这个研究项目本来是由对于如何理解自我的一种深深的困惑所驱动的。我在这里想说的，也正是作者所说的，不是个体的、心理的自我，而是文化的自我。在人类学(正如在社会学和心理学中一样)中的大多数最棒的工作就是由那种不断加深的困惑所驱动的。本书最辛辣之处或许在于，在倒数第二章时这一点逐渐变得清楚，作者(从文化的自我而非个体的自我方面说)并不具有一种"我的文化"("我文化")去补充那种不容置疑的"你的文化"，即使是最现代化的摩洛哥村民的文化。意识到这一点是颇为悲凉的。作为安慰，我们从书中仅仅瞥见作者的一个观念：因为已经失去了一种传统的"我文化"，现代西方知识分子让各种文化合成的总体为个人所利用。显然，这就是"绕道"所指的全部意思。然而，作者并没有给我们任何现成的答案，因为他深刻意识到了理解(understanding)的重重困难,虽然不及他对利用(appropriation)的困难强调得那么多,并且意识到了内在于"利用"这种观念的暴力倾向。

本书是按照作者两次领悟的时序组织的:就在他出发到田野之前,他领悟到,在芝加哥大学复兴"伟大的传统"的高尚努力失败了;恰在他从田野回来之后,他领悟到,如此之多的现代知识分子试图借以包裹他们在文化上的赤裸(cultural nakedness)的激进意识形态也已经失败了。强力复兴"我文化"(西方文明),或者以天启的和革命的方式代替它,都没有得逞。绕道现在显得比任何时候都更必要,但是我们谁也不知道我们究竟要走多远才能够得其门而入。在书的倒数第二章,我们瞥见了另一个弯道,即越南,正招手等着我们去探寻。

然而,在本书的背景中总是若即若离的阴影并没有使全篇成为低沉之作。给出希望的,不是作者提供的虚假的安慰,而是全然让人兴奋的这一事实,即他可以如此简明而又不假做作地将这一状况写出来。如此这般地写这样一本书,对于比他稍微年长一点的那一代来说几乎是不可能的。仿佛我的老师们和同龄人的宣示——文化是一种人文事物,是人在创造它、解释它、改变它——一下子变得活生生了。不再着意于遣词造句地撰述,一切都得以具体化,栩栩如生,成就出耳目一新的篇章和一种全新的著作。我们都知道,田野资料(或者人文研究中的任何其他资料)不是自在之物(*Dinge an sich*),而是我们获得它们的过程的建构之物。无论如何,我们在这里再清楚不过地看到了"过程"是怎样发挥作用的。

我特别钦佩作者的方法,他能够恰如其分地显露他的个人情感和判断,而不为与文化理解的过程不相干的那些个人干扰因素所累。拉比诺不仅显示了我们之中的许多人所缺乏的那种对自己泰然自若的态度，而且说明了这样一个重要的观点：人文研究中的求知既是智慧性的，也是情感性的和道德性的。本书如此地情感真诚，任何一个曾经做过田野作业的人一看就会同意应该推荐给焦急的人类学新手。甚至更为重要的是，他在道德维度上不自以为是，我认为这是本书最有价值的贡献。像人文研究中任何一种调查一样，田野作业要涉及不断的评价和再评价。我们中的许多人害怕韦伯对那些利用讲台进行政治或宗教宣示的人的轻视，完全忘记了价值中立（value neutrality）对于韦伯来说也只具有一种很特殊、很有限的意义，即不让我们的价值偏好主宰我们的研究结果，忘记了它自身在学术伦理中是一个道德规范、一个原则。危险的不是价值判断的在场——价值判断在韦伯所写的几乎每一行字里都能够找到——而只是这些判断被置于批评性反思之外并无意于在经验的参照下被修改。在这本书中，我们不仅看到道德判断不可避免地在场，而且看到判断本身的教化和深化的过程。与拉比诺相处的摩洛哥人不仅是田野作业所产生的文化产品的创造伙伴，他们在某种意义上也是他在做人方面的老师，正如他在一定程度上也是他们的老师一样。

最后，这本篇幅不大的书还要帮助我们克服另外一个障碍，即学术和诗之间的障碍。如果说作者已经非常正确地提示我们，一件事实，就语源学而言，是某种"制作"（made）的东西，那么，当我们指出希腊语的"*poiēsis*"是"制作"（making）的意思，并且诗人是"制作者"（maker）的时候，我们是可以被理解的。但是，诗人的材料与其说是与象征和叙事一样的事实，不如说是本身就是象征和叙事的事实。在人文研究中，拒绝把任何抽象的价值给予象征和叙事，就是把人性的东西简化为物理的东西，把行为简化为动作。拉比诺没有犯这种错误。那些象征，那些专注于故事意义的爆发或闯入的时刻，以及叙事结构本身——它顺着所有神话情节中最古老的一种发展，让主人公肩负危险的使命出发而最终成功返回——在本书中提供了认识上具有启示的东西。与传统的结构划清界限，就像与突出叙事原型的要点一样具有启发意义。在传说中，主人公回到家乡，从此过上了幸福的生活。在本书中，正如我们所看见的，主人公回来了，却陷入了比出发前就有的对于家乡的存在和意义的更深的怀疑之中。或许这告诉我们，我们现在必须走的行程尚需要走得更远、更深，大大超过以前走过的任何行程。无论如何，我们要感谢作者，他如此简洁、优美的文字给予我们的是如此之多。

罗伯特·贝拉

引　言

　　在罗伯特·肯尼迪被暗杀之后的第二天，我离开了芝加哥。我在芝加哥的公寓实际上已经空荡荡的了，行装已经打好，大部分家具都卖掉了，只剩下一张床和一把咖啡壶。我原本对于离开多少有点顾虑，但是谋杀的新闻却带来了一阵厌恶和反感，掩埋了原先的感情。我带着令人眩晕的轻松感离开了美国。我已经厌烦了做学生，厌倦了这个城市，并且在政治上感到无能为力。我要去摩洛哥成为一名人类学家。

　　我到达巴黎是 1968 年的 6 月，几天前警察刚清走医学院的最后一批学生。刚刚遭受学生运动洗礼的街上空无一人，胡乱涂抹着政治宣语的墙壁已经破破落落。我在索邦大学的校园里参加了几次聚会，但是已经太晚了，革命的势头已经到了顶点。众多的传单请求人们不要离开巴黎去度假。可是这个首都已经空了，瘫痪了，破败了。我遇到一个女孩——据她自己说，她有部分印第安人血统——她是从亚利桑那州的家里跑出来的。当我们沿着塞纳河闲逛时，类似战争的气氛和捉摸不定的未来使我感到自己成了萨特小说中的人物，非常具有存在主义的意味。两天后，我剪了头发，搭乘公共汽车去奥利（Orly），然后去摩洛哥。

在 1960 年代的早期,伟大的哈钦斯通识教育实验在芝加哥大学进行到了最后的阶段。古典意义上的人文教育(liberal education)正逐渐消失,这个事实深深地触动了我。大学教育为我提供了深刻而又有解放性意义的经验,去发现思想的含义,但是也使我感到了旧的科学与学科所面临的危机。大多数人逐渐意识到,美国社会正被深刻的结构性问题所困扰,但是学术界或者现有的政治体制却不能为我们提供解决这些问题所必需的启发性和一致的建议。我们中的许多人在探索,感到困惑,但是相对来说仍然很被动。问题在向深处蔓延,但是芝加哥表面上仍然一片平静。

在我看来,最充分地表现那个时代的精神的两本书或许是托马斯·库恩的《科学革命的结构》(1962)和列维-斯特劳斯的《忧郁的热带》(1955)。库恩清楚地分离出一系列从物理学和化学中延伸出的问题。他的术语"范式衰竭"象征着用常规思考去解释我们对于学术课程、政治和个人经验中共同不满的主题的失败。一旦提供给我们的真理不足以组织我们的感受和经验,某种新的东西必然会以某种方式出现。

我着迷于列维-斯特劳斯的"异乡感"(*dépaysement*)概念,这使我和许多朋友格格不入,他们更热衷于眼下新兴的形形色色的社会和政治实践。远离让一个人在回到家园时变得更深刻,这个法国人的看似矛盾的号召带着几分晦涩,但却具有不可抗拒的力量。不知为什么,我已经厌倦了西方,并且被一个极其简单的观点深深吸引着,即西方文化只是许多文化中的一种,而且也不是最有意思的。

这种本科生期间的厌倦情绪加上我那炽热的知识分子倾向把我引入了人类学。从定义上看,它似乎是唯一必须走出图书馆、远离其他学术部门的学科。从字面上说，它的研究范围实在离谱，从狐猴的脚到皮影戏，无所不包，正如某教授所说，它是"业余爱好者的学科"。

芝加哥大学人类学系的研究生教育将世界分为两部分人：做过田野作业的人和没有做过的人，而不论后者对人类学的话题知道多少都不算"真正的"人类学家。例如，米尔恰·伊利亚德（Mircea Eliade）教授是一位在比较宗教学领域学识渊博的人，因其百科全书般的学问而倍受敬重，但是仍然有人反复强调，他的直觉没有经过田野作业的炼金术点化，因此他就不是人类学家。

早先有人跟我说，我以前的文章并没有多大意义，因为一旦我做了田野作业，这些文章就会截然不同。当研究生们刻薄地评论我们学习的一些经典著作缺乏理论的时候，老师们总是报以会心的微笑。他们总是告诉我们，不要紧，这些作者都是伟大的田野作业者。那时这种说法激起了我的兴趣。通过田野作业之成年礼而深入堂奥，这一许诺是具有诱惑力的，我完全接受了这种教义。

然而据我所知，还没有一本书对这种重要的通过仪式——将人类学家与其他人区分开的形而上学的标记——的界定进行过严肃的学术探讨。毫无疑问，列维-斯特劳斯的杰作《忧郁的热带》是进行田野作业这个令人神往的事业的最大例外。不过，众所周知，列维-斯特劳斯并不是一个好的田野作业者。这本书或者被人类学家视为法国文学的一部精品，或者亦真亦假地被认为是对作者田野调查之不足的过分补偿。

我曾经问过一些大牌人类学家，他们也同意田野作业的这种"之前和之后"截然不同的观点，既然看起来这个问题对于田野作业如此重要，为什么他们自己没有对此写点东西呢？我得到的都是文化上的标准答案:"是的,是应该。我年轻的时候也考虑过,我保留着我的日记,等着某天会整理出来。但是你知道,总是有其他更重要的事情。"

这本书记录了我在摩洛哥的经历,也是关于人类学的一篇论文。我试图打破过去界定人类学的双重束缚。研究生教育总是告诉我们"人类学等于经验";没有人类学的实践经验,就不是人类学家。但是,当你从田野回来的时候,人们又立即提起了相反的一面:人类学并不是那些使你起步的经历,而只是你从田野带回来的客观资料。

你可以将遭遇写成回忆录,或者编成奇闻逸事,发发牢骚。但是,田野活动和处于学科核心地位的理论之间绝对没有什么直接的关系。最近几年有一股小的讨论参与观察问题的出书热。尽管这些书就知觉的敏锐度和风格的优雅度而言极其不同,但是都坚持着一个核心的假设,即田野经验本身基本上同人类学主流理论是分离的,也就是说,调查的过程在本质上是与它的结果脱节的。

冒着打破行业禁忌的风险,我想说,一切文化活动都是经验性的,田野作业是文化活动中一种特色鲜明的活动类型,恰恰是这种活动界定了这门学科。但是,过于依附于实证科学观——我发现,这对于一个声称研究人文的领域是极其不适当的——作为人类学的力量之所在的经验性的、反思性的和批评性的活动,已经失去了其在求知中的有效地位。

本书关心的是解释学的问题,而我使用的是经过修改的现象学方法。我努力把技术性的词语和专业术语减少到不能再少的地步,但是似乎还是有必要将我曾尝试的道路的路标展示一下。按照保罗·利科的说法,我把解释学("hermeneutics",希腊语,相当于英语中的"interpretation")的问题界定为"通过对他者的理解,绕道来理解自我"①。尽管本书中某些段落中带有明显的心理学色彩,但决不是心理学意义上的解释,强调这一点至关重要。这里讨论的自我完全是公共意义上的,它既不是笛卡儿信徒们的纯粹脑的思考,也不是弗洛伊德门徒的深层心理学自我。毋宁说它是通过文化中介、具有历史定位的自我,在持续变化的意义世界里发现自身。

有鉴于此,我采用现象学方法。利科又一次为我们提供了一个清晰的定义。对于他来说,现象学是一种描述,它描述"一种运动,在此运动中,每一个文化角色是在其之后的而不是它之前的运动中发现自己的意义:意识产生于其自身和它之前的过程,在这个过程中,每一步消失后又被保留在下一步里"②。说得简明一点,这意味着你要将本书作为整体去读,每一章的意义都依赖于后续章节。这本书和经验就在于其自身。

本书是关于我做田野作业期间所发生的一系列遭遇的重构。当然,当时事情是纷繁复杂,支离破碎的。现在,我已经按照简洁和一致的原则整理过,为从那段时光抽取一些意义,为我自己,也为他人。本书浓缩了对众多人物、地点和感情的研究,它可以用现在一半的篇幅来写,也可以用两倍或者十倍长的篇幅来写。一些为我工作过的资讯者没有被提及,一些融入了我书中的人物里,另外一些人则完全没有涉及。任何有过田野作业中这种逐步和谐的

---

①　Paul Ricouer, "Existence et hermeneutique," p. 20, in *Le Conflit des Interpretations* (Editions Du Seuil, Paris, 1969).

②　同上书,第 25 页。

系列遭遇，并且当时就充分意识到了这一点的人，都不会有我在这里所重构的那种经验。黑格尔说，"密涅瓦的猫头鹰在黄昏的时候才起飞"。

　　我在摩洛哥的田野作业是在 1968 到 1969 年期间，五年之后我将这段经验进行过重构，两年后又改了一次，下面就是主要内容。我在摩洛哥的工作是在我的导师克利福德·格尔茨的指导下进行的。他当时和他妻子希尔德瑞德（Hildred）以及另外两个年轻的人类学家在研究一个有城墙包围的、相当于绿洲的市集小镇塞夫鲁（Sefrou）。我的任务是在围绕塞夫鲁的部落地区（摩洛哥的中阿特拉斯山脉）进行调查。①

---

　　①　关于对这里涉及的资料的一个补充性的和更传统的人类学方式的处理，参见我的《象征支配：摩洛哥的文化形式和历史变迁》。

第一章　垂死的殖民主义的残余

塞斯(Sais)平原位于非斯(Fez)和塞夫鲁两座城市(均建于公元 9 世纪)之间的乡村,起伏平缓,是摩洛哥最丰饶的地区。这里满眼葱绿,与任何关于沙漠帐篷或摩尔式景色的浪漫想象完全不符。离开宏伟的被城墙包围的非斯城,这段风景更让人想起法国。塞斯曾是法国殖民统治最活跃的地区之一,殖民者们给这里带来了机械化、灌溉,也带来了收益。

这里的田地规划得很有规则,肥沃的深色土壤、蜿蜒数英里的高架灌溉水渠、布局呈网格状的果园和不时出现的农舍,这些同雅克·贝尔克(Jacques Berque)所描述的法国在北非的殖民地形象极其吻合:没有人烟的土地被没有土地的人所包围①。农场中散布的农家住房的瓦片屋顶,与农业工人居住的成片的泥与砖混建的窝棚形成强烈对比,这种工人房在沿着塞斯平原去往塞夫鲁的途中越来越多。农家住房还像以前那样用篱笆隔开着,而工人房由成行的仙人掌分隔着,但农场的主人不再是法国人。这个地区已经大部分被国有化,由摩洛哥政府管理,其余则为非斯的

---

① Jacques Berque, *Le Maghreb Entre Deux Guerres* (Editions Du Seuil, Paris, 1962).

富商所有。

即使穿过这样富饶的乡村，当塞夫鲁城出现在地平线上时，人们仍然震惊于它的繁荣，这个小城从非斯的方向是看不到的。小山现在显得更加真实了，景色也更具体而没有规律了。塞夫鲁大约有 25000 人口，是座真正的绿洲城市。塞斯平原便利的灌溉条件妨碍人们在刚接触的时候注意这个事实；但是塞夫鲁后面的中阿特拉斯山脉现在气候干燥，森林遭到大规模的砍伐。塞夫鲁南面是连绵的岩石丘陵和高原，人烟稀少，一直通向山脉。塞夫鲁城坐落在一段狭小的山麓地带，环绕在群山脚下，以泉水众多而出名，滋润着无以计数的花园、果园和橄榄林。摩洛哥人将这种生态区间称为蝶尔——字面意思是"乳房"，它处于山脉边缘的一系列地质断层上。当我们沿着蝶尔前行时，就会看到一个水源充足、气候适宜的繁荣小镇。塞夫鲁就是这样一个城市。

塞夫鲁因其地理位置而成为周围地区各部落的交易和商业中心。除了劳作于绿洲植物园中的农民和商人，这里还有一个庞大而活跃的传统工匠群体。早在九世纪，塞夫鲁就有一个活跃的犹太人社区，它经常作为联结城市社区和乡村柏柏尔人部落族群的纽带。这些摩洛哥犹太人促进了山区的土产（羊毛、羊肉、小地毯）与进口货和制造品（纺织品、茶叶、糖）的交换。

法国对塞夫鲁周围农田的殖民统治——始于 1920 年代晚期，之后稳步加强，一直到 1950 年代——以及在城市中建立法国政府机构、商业机构和教育机构，对塞夫鲁的发展和走向产生了巨大影响。他们追随利奥泰（Lyautey）的殖民政策，在塞夫鲁的阿拉伯式旧围城旁建立了新城区——维勒努维勒（Ville Nouvelle）。然而，对摩洛哥的殖民化从未达到阿尔及利亚的程度。

比如在 1960 年,包括新来的学校教师,在塞夫鲁的法国人口还不到 1%。

　　汽车把我送到橄榄园旅馆,这是个处在离塞夫鲁阿拉伯人聚居区那雉堞状围墙大概 100 码远的地方。"橄榄园"古老而单调,油漆剥落,无疑是座衰败的建筑,但也有它的魅力。穿过带有双层百叶窗的门道,进入一个被破旧的屏风大致一分为二的矩形房间。左边是十张摆放整齐的桌子(我从未见过两张以上的桌子被同时使用过),右边是一个长长的木制的酒吧间,几张光秃秃的桌子,几把旧式的餐馆椅子,角落里还有一个摇摇晃晃的弹球机。所有的窗户都有百叶窗,大部分半开着。我刚到时,只有一个顾客,一个喝得醉醺醺的摩洛哥出租车司机,笼罩在傍晚的安静与平淡之中。

　　从吧台后面闪出一个人,衣着整洁但是随意,他是莫里斯·理查德,旅馆的所有者,"投资者"。是的,他的确有空房;实际上他有十间。我就听他安排吗? 该住哪间呢,他思虑着,然后是一个文雅的猜字谜手势,但是其空洞和凄楚从一开始就显而易见。随后,理查德将我带到那十张桌子中的一张前,为我拉出椅子,好意地告诉我,这里只有一份菜谱。

　　第二天早晨,也就是我到摩洛哥的第四天,我在橄榄园旅馆的院子里享用咖啡和面包。早年间这里一定很美。这里有一个封闭的花园,架起的格栅上曾经爬满了葡萄藤;这里有金属桌子,曾经熠熠闪光;还有这里的侍者阿罕迈德,他修饰得无可挑剔,可能曾经在(我这样想象)那些准备办理各种事务的法国人的厨房工作过。我独自一人。天气已经开始变热。阿罕迈德为我端来棕色的陶制咖啡壶,假模假样地像法国人一样礼貌地鞠个躬,不理睬我想搭讪的暗示,行动敏捷地离开了。

在"橄榄园"——塞夫鲁的最后一个法国酒吧中逍遥自在的理查德。

真有民族志的味道。我来摩洛哥仅仅几天，就置身于一所旅馆——显而易见是一座殖民主义的遗迹，在花园中享用咖啡，除了开始"我的"田野工作外，并没有其他什么事情。实际上，我当时并不完全清楚这些对我究竟意味着什么，不过，我想，我会在塞夫鲁各处走一走。毕竟，既然我已经在田野中了，所有的一切就都是田野工作。

只听一声口哨，就见理查德那健壮的身材从百叶门后迅速而优雅地闪出来，祝我有"好胃口"，并递给我一个旅游卡让我填写。他有点吃惊，我竟是美国人。他说，他肯定我是东欧人（我也这样认为，至少我在人种上是），然后就亲切而不放肆地开起了玩笑。

在我到塞夫鲁的第二天，理查德给我讲了他的生活经历。他出生在巴黎一个上中产阶级家庭。1950 年离家闯天下，最后留在了摩洛哥。他在这里从事过从技工到旅馆经营者等一连串的职业。这种缺少法国人惯有的保守和敌意的待人方式着实令人吃惊。我在想，它要不代表着法国文化在离开法国本土后经历的一种变形，要不就揭示着理查德所体验到的一种强烈的孤独感。在这里，弥漫的正是这种孤独感。很快，事实表明他是一个失败的巴黎人。家庭对他成为军官和医生的期望使他不堪重负，于是他离开他们，徘徊在各种被归为下层中产阶级的职业和生活中。

就历史机遇而言，他也是个失败者；他到摩洛哥迟了一代人的时间。法国向摩洛哥移民的第一次浪潮发生在 1920 年代末，来的主要是农民和军人；第二次是在二战期间及其后的短时间里，移民主要是职员。显然，新老移民对当地人的态度具有鲜明的差异。被称为"摩洛哥老手"(*les vieux Marocains*)的那些人与摩洛哥人有更多的个人联系，特别是在塞夫鲁地区，他们建起了最初的机械化农场,一般都会说阿拉伯语,同他们的摩洛哥工人密切合作,而不是隐居在法国人的聚居区中。他们的家长作风被一种朴实的个人主义方式冲淡。他们修整了土地,将丛林地变成精心侍弄的肥沃农场;他们"了解"摩洛哥人,并说如果训练他们,他们就能很好地工作。理查德给人的印象是,他本应该能与这些农民、小企业主和万事通们和睦相处。不管怎么说,这个群体的遗民们基本接纳他。

但理查德 1950 年才来摩洛哥,属于一个极为不同的移民群体。这些人被轻蔑地称为"摩洛哥新手",主要居住在卡萨布兰卡和梅克内斯(Maknes)庞大的移民中心;他们几乎不会说阿拉伯语,在工作时间之外很少甚至不跟摩洛哥人接触。他们更愿意仿效奥兰(Orlan)或阿尔及尔(Algiers)城里孤立的移民。他们是跟法国联在一起的,认同的是法国的生活方式。在 1950 年代早期之前,摩洛哥的法国人中 80% 以上都居住在大城市。此外,他们主要是政府职员,公务员的比例甚至高于法国。他们不会长久地在这里住下去。

理查德追求前一种认同,但是却被后一种压倒了。他来的时候,机会已不再向普通法国人敞开。取而代之的是,法国人和摩洛哥人社区之间的激烈对抗,理查德无力逃脱或者反抗,他发现两种社区之间牢固的界限太过政治性而无法逾越。尽管他与法国人社区的个人交往常常让他苦不堪言,但他从没找到一种使自己融入其中,或者从中解脱的途径,因为他没有足够的勇气明确否认那些移民规范。理查德从未学过阿拉伯语。他再三表达过学习阿拉伯语的强烈愿望,但他只会几个词和短语。这种曾经被摩洛哥人理解为新移民向他们作出的友善姿态,在 18 年后的现在,看起来却是一种没有诚意的嘲弄。理查德最先定居在梅克内斯,那里的法国人以及他那位炫耀种族优越性的阿尔及利亚移民夫人,阻碍了他这些愿望的实现。他支持我打算学习阿拉伯语的努力,问我学习的方法,鼓励我,然后就掉进了他的连翩浮想里:他刚到的时候,本该怎样学习阿拉伯语,现在可以怎样使这件事依然可为。但是,唉,他的职责恰恰不容许他这样做。理查德是垂死的殖民主义的真正遗民,只不过他从没分享到早期的好处。

每天早晨,理查德便发动他那辆 1952 年的福特车,呼啸 1.5 公里到塞夫鲁去运回他的生活补给。因为旅馆几乎从没有任何客人,所以这实际上就是他和他妻子的生活必需品——报纸《小摩洛哥人》(*Le Petit Marocain*)和一些酒。除了跟杂货店主人的一些简单接触,以及和公务员互相开开玩笑外,理查德把自己的世界局限在嗜酒的出租车司机、他妻子,还有两三对与他平等相待的法国老夫妇之间。这些老人在摩洛哥生活了 40 年,以做杂活和开杂货店为生。他们尊重摩洛哥人,基本上过着退隐的生活——已经歇业,也远离了当代法国。这样几位饱经风霜的法国老人可谓硕果仅存。眼看着他们一个个地逝去,理查德越来越感到无望;每一个人的离去都极大地消蚀着他的世界。

人们常说,母文化中最糟的东西也随之被输出了。就我所认识的那些居住在摩洛哥的年轻法国居民而言,事实确实如此。在法国,人们可以选择服兵役,或者到海外的前殖民地从事某种替代性的社会服务。由于摩洛哥的双语学校体系极度缺乏教师,一直不得不靠输入大量法国教师来维持。因而,每年有许多年轻夫妇到塞夫鲁从事教育工作。这些人主要是为逃避兵役而来的年轻的中产阶级,他们还要在这里享受在法国无法实现的梦想生活。他们可以住带有花园和仆人的别墅。同样重要的是,在摩洛哥,他们有控制感。他们役使仆人，感觉自己是义务式地资助他们，还硬要人家领情；他们支配学生，认为他们在文化上是劣等的，实在不值得被寄予希望。在他们自己的社区里，他们奉行着法国陈旧的社会区分和阶层制度，不过是以一种新的方式：现在他们可以扮演主角了。

相应地，他们凌驾于理查德之上并且轻视他。这里，每年都要上演剧情雷同而令人难过的仪式。新来的夫妇们到达塞夫鲁后，先要在橄榄园旅馆逗留，办理各种事情。不久，他们从更有经验的老同胞那里得知，"橄榄园"的社会地位有失他们的身份。起初，跟理查德聊天对他们而言是件很自然的事；他是个老手，又是法国人——在这个异域环境中，他就是他们的自己人。理查德总要重复同样陈旧的礼节，拼命地试图建立一种联系。有时也会有灵光一现，但似乎从未成为现实。这些年轻夫妇搬到别墅后，可能会带着他们的新朋友再来一次甚至两次，但绝不会再多。秋天，新来的人融入了这个小社区，并被清楚地告知，理查德是个"落魄的人"，这一轮循环就结束了。很快，理查德的世界就如同在巴黎那样，不可思议地远离了他们的世界，不同的是，在塞夫鲁他几乎没有什么其他的东西了。

颇具讽刺意味的是，每年秋天理查德都开始提醒新来到者，摩洛哥人行为无常、不理智。他努力去取悦，也不理会他自己是不是相信自己的故事，不过认为这能迎合新听众们的刻板观念。在最初的几周里，这些听众慑于自己的恐惧，然而，一旦安顿下来，这种粗糙的感情迅速变成了一种更老辣的修辞——"客观性"。他们是来教化第三世界的。他们喜欢摩洛哥人，当然，他们发现摩洛哥人美丽、迷人，让人兴奋。但是，土著人完全不会做算术。不论法国人怎么努力,学生们似乎就是学不会。他们令人同情但低人一等。理查德也只是劣等。

理查德其实很清楚自己的处境,但完全无能为力。他只是在一个错误的时间出现在一个错误的地点。旅馆的衰败形成了一种恶性循环:他在旅馆经营上损失越多,年轻的法国人对他越避之唯恐不及;摩洛哥公务员越拒绝与他为伍,他就越依赖几乎是酒鬼的出租车司机,可这些人甚至在他们自己的社区都被排斥。每一年都有一个新的循环结束。他越压抑,他的微笑就越牵强;他越是迫切地接近新来的人,也就越是必定让他们离他而去。殖民主义在没落,新殖民主义正取而代之。

我只要鼓励他讲话,他就欣喜异常。在最初的那几周里,我花了很多时间听他的故事。我的法语流利,我们很快就进入正题。这种情境结构上的可能性使之成为收集信息的理想情境。我并没有在一开始就这样将其概念化,由于这个原因(和其他原因)我从没有系统地追踪这个情境。我来摩洛哥本是要研究乡村的宗教和政治。跟理查德聊他的往事,似乎是率性而为了。我的教授们一直主张,做研究一定要以问题为导向,不能被其他看似有趣的枝节所牵制。此外,这还可能冒着被当地穆斯林社区指责的危险。

实际上,我已经处于一个相当理想的"人类学的"位置。我精通当地语言,熟悉当地文化,关心相关问题,毫无疑问还是个外来者——到这个国家这才第四天。和理查德在一起,我既非支配者,也非服从者。我既能了解理查德,又能接近年轻的法国人。他们相互关系的整体结构易于说明,相关各方都需要寻找一位外来的观察者,向他讲述他们的困境和思考。我既不会威胁到他们,也不能给他们提供直接的经济或政治帮助。回想起来,这种氛围对人类学调查是颇为理想的。在当时，这种特别的安逸和便捷似乎让它的潜在价值大打折扣。的确，田野工作需要更多艰苦的劳动。

大约两个半月后，我还清楚地记得那个炎热午后的寂静，还有"橄榄园"的空旷，木制酒吧及其黄铜框架的光泽。理查德和我静静地聊着，谈论间夹杂着长长的停顿。他以他惯有的姿势，俯身在柜台上，手掌托着下巴，好像在准备一场掰手腕比赛，另一只手臂得意地放在臀部，他那睁得大大的眼睛里仍闪烁着热切的光芒。我稍稍弓着背，坐在他对面的酒吧凳子上。

在理查德背后，他的装饰派风格的收音机正轻声地播放着。播音员清楚地说，苏联军队已经侵入捷克斯洛伐克。慢慢地，我们无言地交换了一下痛苦的目光。收音机继续以官方的语调报道细节，掩饰的兴奋让人一听即知。

再也回不到从前了；我意识到同我自己文化间的一种可怕的差异。想到极权主义的军队粉碎了捷克斯洛伐克，一种没落帝国的感觉再一次油然而生，它们无可救药地毁灭着自身。

第二章　被打包的物品

从非斯伸出的高速公路,正好经过理查德的旅馆和阿拉伯人聚居区的边上,然后与穆罕默德五世大道交接,这条大道是根据当今国王的父亲——一位广受爱戴的领导人——命名的。高速公路绕过一个急转弯,然后是缓坡,最后直入塞夫鲁新区,成为一条笔直的通衢大道。新城区维勒努维勒的南面就以这条大道为标志,大道边上有一个公园和一套三层的拱形建筑,一层是商店,上面两层是公寓。大部分商店都透露着进步的味道——现代服务、各种电器、酒类、邮局和政府机构。大道后面紧接着一个小公寓住宅区,那是塞夫鲁的犹太人社区的新中心。犹太人社区以前规模庞大,在商业上占据重要地位。他们现在离开了"犹太人区"(mella)的拥挤环境,不再留在被阿拉伯人聚居区所包围的一角。

这个公寓群的后面是真正的新城区。这些住宅几乎都是欧洲风格的独体别墅(模仿瑞士的牧人小屋,有些带有游泳池),前面带有富丽的花园,种满了橄榄树、无花果、杏树、石榴树和柑橘树。最近,个别别墅依照改进了的阿拉伯风格,在四周围起了一个庭院,有的还加上了喷泉。

法国保护领地的行政机构极力支持和保护他们认定的摩洛哥

传统制度。保护领地于1912年正式宣布成立,但是各部落的纷争直到1930年代中期才完全平定下来,大致上与后来促成1956年摩洛哥独立的城市民族主义运动的开始是同时期的。著名的利奥泰将军试图将摩洛哥打造成一个殖民统治的先进典范。在他的领导下,摩洛哥城市据说不会受法国的商业、移民和行政机构的出现所影响。相反,各个新城区紧依老城而建。在摩洛哥,人们发现一座以政府大楼、市政公园和宽阔的街道为标志的欧洲城市有时候就近在咫尺(比如在塞夫鲁),有时候又相距几公里之遥,比如非斯或马拉喀什(Marrakech)。像非斯和塞夫鲁这样的城市,其阿拉伯人聚居区中还仍然没有汽车。因而人们看到的是,两种文明比邻而居却彼此相隔几个时代。符号的使用具有欺骗性;社会和文化现实则完全是另一回事。

塞夫鲁的新城区位于阿拉伯人聚居区上方的斜坡上,这里以前曾是果园和花园。这块土地属于克拉人(Klaa),是阿拉伯人聚居区中多少有点孤立的地区。这个地区的人口密度大约是每公顷1300人。阿拉伯人聚居区的整体密度是每公顷近1100人。新城区是每公顷12人。然而,这里居住的并不全是富人;在1960年的人口普查中,大约一半人被归入下层社会。这里有老城来的以前的地主,他们仍享有他们的权利,有随迁过来的成功人士的亲属,还有仆人。但塞夫鲁更富有和更有权势的人也住在这里。而这里的文化基调是法国人奠定的。正如我们所见,正是这个地方让大部分"合作者"搬进来上演他们那高高在上的资产阶级梦想。他们的邻居都是比较富有的摩洛哥人,其衣着和举止都已经欧化。

我的第一位阿拉伯语老师就是这样一位商人,一位比较富裕、非常勤奋而有抱负的店主。我称他为易卜拉辛。他是位泥瓦匠的儿子,和弟弟在穆罕默德五世大道的拱廊下开了一家食品杂货商店,主要为塞夫鲁的欧洲人服务。他们每天从非斯运来多种罐装食物、杂志和报纸。他们努力工作,并把钱攒起来用于投资生意或不动产,而不是挥霍性的消费。

易卜拉辛的成人生涯是从给法国殖民当局和他的摩洛哥同胞做中间人开始的。在保护领地行将废止的几年里,他已被提升到政府翻译的位置上。尽管带点口音,他的法语还是讲得不错的,但有趣的是,他并没有着迷于法国文学和哲学文化。他恰当地将法语作为一种做生意的可能手段,并以一种适度的方式继续奉行此道,法语是帮助他达到目标的一种工具。易卜拉辛可以作为某一类摩洛哥人的代表,他们成功地扮演了法国与自己社区间的中介角色,但却没有陷入殖民活动常有的令人消沉的认同混乱。易卜拉辛不是个知识分子,至少不是法国型的知识分子。他所参与的摩洛哥的伊斯兰改革运动,帮助他避免受到文化怀疑论的侵蚀。易卜拉辛没有遗弃他的传统;恰好相反,他重建了自己的文化。他的儿子既学法语,也学传统的阿拉伯语。易卜拉辛拥护清真寺和地方的教师家长会,教师家长会也是他协助建立的。他总让我强烈地感到,他就是一个融合了社会科学家所谓的传统与现代的人。

理查德刚到塞夫鲁时,曾和易卜拉辛合作过。他们一起经营塞夫鲁城的电影院。但一段时间后,不怎么景气,因为理查德夫人不愿与摩洛哥人为伍,理查德不得不心怀遗憾地对旅馆和夫人投入更多的时间。现在,易卜拉辛和理查德还互有问候,但仅此而已。

易卜拉辛的弟弟曾与另一位人类学家合作做过一些事情,这位人类学家几年前在塞夫鲁待过;大家都建议这可能是个有价值的线索。在理查德家住了几天后,我就急于学阿拉伯语,并对理查德和其他人谈论过能否找一位老师。

在穆罕默德五世大道易卜拉辛的商店里,我们第一次见了面。喝着薄荷茶,我们礼貌地交谈着,半正式地讨论准备合作的可能性。他很坦率,说自己以前没有教过摩洛哥语,所以不能保证自己能做好,但是他将尽力而为。或许我们先试一试是最明智的。这样,如果效果不好,不至于彼此生怨,也不会危及他与塞夫鲁其他外国人的关系。当然,我能理解,而且愉快地接受了。最后,他说帮这个忙是因为他很高兴一个美国人想学他的语言,他为阿拉伯语骄傲,也为他的传统骄傲。他明白我为什么到塞夫鲁(来理解他的社会),他很高兴能帮上忙。他还非常乐意在有空的时候,随时带我在这个城市里到处看看。他由衷地希望我在塞夫鲁过得愉快。

果不出所料。易卜拉辛对自己的能力和意图所作的谨慎适度的估价十分恰当,他没有摩洛哥人常有的自夸和刻意美化意图的修饰言辞。"在商业上,言辞和名誉是最重要的财富。"他一定同意本·富兰克林的这句话。

易卜拉辛住在新城区的尽头,公路还没有铺到那里。他给自己建了一所改进了的阿拉伯式住宅,带有一个封闭的庭院,他妻子和母亲侍弄这个庭院。精心收拾的藤蔓和鲜花覆盖着院子,造就了一处荫凉隐蔽之所。住宅内部陈设简单,跟苦行僧似的。家具是一些典型的城市风格的低平台,上面放着织锦盖着的枕头。根据这里的经验,看看枕头的大小就知道主人的财富多少。这所房子正如它的主人,实用、节制和中等富裕。

整个夏天的清晨,我都沿着绿树成荫的公路上山,蜿蜒穿过别墅群,最后到易卜拉辛家,很热,但充满期待。我的学习持续了大约六周,我得到的活生生的教训之一是,别去学一种语言。无疑,易卜拉辛很关心如何正确地学习阿拉伯语,也花了很多时间耐心地准备教程。遗憾的是,他所用的两种授课模式显然都不适合我的性格和需要。传统古兰经式的死记硬背显然不可取。所以很自然地,易卜拉辛勇敢地尝试复制他学习法语的过程。

起初,易卜拉辛会准备好一个词汇表,我们把它译成法语,然后向彼此重复朗读。比如说,我们会有一堂课,详细地学习家畜名或者住宅里的房间名。很快,我们都发现了这种方法的局限,又转而学习短语。用短语讲述一个故事,通常是关于鸭子和雏鸭,鹅和幼鹅之类的东西。然后我就离开易卜拉辛家,回到我的房间或去一个小咖啡馆,钻研这些短语和词汇表。除了一些容易学也能运用自如的问候语外,那些关于家畜和厨房用具的短语简直令人沮丧,而且几乎用不上。这时,我与阿罕迈德——那个侍者已相当熟悉,他显然也为我的努力而高兴。当我回去的时候,我们会热情地互相问候,但除此之外就很难继续下去了。光有愿望达不成交谈。

大概一个月后,我意识到了问题所在。易卜拉辛是直接将他的老法语语法书中的短语和练习译成阿拉伯语。我所看到的是一系列再翻译的教程,它们是专供出口而准备的,而对于应对摩洛哥的生活则几乎毫无用处。在其他情形下,我也许会挣扎着用这种方法学几个月,但我当时的急切期待与毫无进展,着实令人焦虑。经过大约一个月的时间,我已经将这种状况作了好几个总结:易卜拉辛是如此尽职尽责、坦诚直率,很明显,我就不是学语言的料;都是我的错;阿拉伯语是一门难学的语言;等等。接下来的反应就是愤怒,既对易卜拉辛,也对我自己。太荒唐了! 这不是性格的问题，问题出在情境结构本身，必须改变这种结构。

易卜拉辛作为欧洲社区和摩洛哥社区之间的中间人，将这种身份变成了一种职业。他是商品和服务的包装者、传输者、中间人、政府信息的官方翻译者。他将阿拉伯语包装起来给我，仿佛它是一个旅游手册。他愿意将我引向摩洛哥社区的边缘，引向摩洛哥文化的新城区，但却深深地抵制任何更进一步的渗入。

雅克·贝尔克曾说过，语言、女人和宗教是三个北非人最强烈抵制欧洲人侵入的自主领地。一旦殖民统治完成了对当地的经济支配和领土控制，这三个领域就会吸引更多的关注，成为整合和认同的象征。当然，即使在这些方面也不能彻底阻止欧洲的渗透，只不过是绕道而行。举例来说，许多北非城市中都有大批娼妓，但是几乎没有欧洲男人和北非女人的异族通婚。伊斯兰教的一种公众熟知的形式掩盖了有差异的团体、派别和种种其他形式的宗教实践，而这些组织和活动正在法国统治的有效范围之外迅速增加。阿拉伯语也必须得到保护。学习法语除了能得到显而易见的物质和技术利益，还可以被理解为防范法国人的防御行为。正如我们所见，摩洛哥早期的移民群确实经常学习阿拉伯语，但第二拨移民几乎从未学过。在那之前，已经有相当多的摩洛哥人学会了足够多的法语。

易卜拉辛的困难与此有关。我抱怨他对我的意图所作的理解。不用说，在我和他共事的大约六周中，所有这一切都没有明确表达过。但是抵制和收效甚微是再清楚不过了。我的目标和他的目标是根本对立的。他展示给我的是表面的东西和包装起来的一些方面。这是不能让人满意的。他的抵制礼貌但坚定。从根本上说，我尊重他的做法。有人可以将他这种萌发的小资产阶级新传统主义世界作为研究的焦点,但这不适合我的性格,也不是我来摩洛哥要发现的。所以,我不得不另觅蹊径。

　　大概就在这个时候,两位美国朋友来看我,我们决定去马拉喀什待几天。我向易卜拉辛提起这件事,他说他想一起去,顺便拜访他在马拉喀什的亲戚,还可以做我们的向导。我可不喜欢这个主意,因为我一直期待这次旅行,可以摆脱因学习阿拉伯语而不断加剧的焦虑。和我的老师同行,一点都不像在休假。但是,他一直对我那么热心慷慨,我难以拒绝。

　　起先,大家相安无事。第二天早晨,易卜拉辛不仅声称他没有亲戚在马拉喀什,还说很倒霉,他忘记带足够的钱付房费了。这是我第一次直接体验到"他性"(otherness)的经历之一。易卜拉辛显然是在试探这个情境的限度。正如我将会发现的,这样做在摩洛哥文化中是标准和正常的。他在试图探知我是否会为他承担旅费。在我经过了相当的困惑和犹豫后拒绝了他时(主要因为那时我也缺钱),易卜拉辛放弃了他的要求,掏出了钱包。他在最大限度地扩大他的资源,在这个情境中攫取经济利益,正如他过去的作为一样。我们在一起共事了一个多月,现在他觉得他可以将我们的契约限度向更有利于他的方向推进。这并不是要说,易卜拉辛贪婪或者算计。贪婪或任何其他唯利是图的恶习在我自己的文化中俯拾皆是。我已经有足足一个多月的时间每天与这个人共事,除了学阿拉伯语,我们花了那么多时间一起讲法语,我已经开始将他"典型化"。让人苦恼的是,我意识到这种典型化根本就是错误的和种族中心主义的。由于我们已经建立的这种看起来很私人的关系,我基本上一直将他视为朋友。但是,易卜拉辛远没有这么糊涂,他基本上一直把我视作一种资源。他并没有不公平地将我等同于其他跟他做生意的欧洲人。我已经进入了寻找他性的人类学状态。但在经验的层次上遭遇它却是一个震撼，这刺激我开始从根本上重新考虑社会的和文化的范畴。或许这就是我来摩洛哥所要寻找的东西，然而每次它们突然出现都是那么令人不快。

我们可以同人们（在长时间琐碎交谈的过程中）建构各种顺利的、表面上无冲突的交往模式，但它们随时都会崩塌。我们假设在日常生活中，当一切平稳地运行时，人们分享所谓的生活世界——某种关于社会世界的性质和社会角色、关于事件如何发生以及它们或多或少意味着什么的基本假设。这种意义结构作为所有文化的一种必要基础，可以使行动者日复一日、每时每刻地继续他们的生活，而不必在他们每次相遇的时候从头重构社会关系，或每当他们想聊天的时候就陷于语义学的讨论。在一种文化中，从姿态到更大的意义，从闲聊到价值，这些表达大部分都可以被视为理所当然的，因为它们是广泛共享的。已经有人指出，常识是"单薄的"——随便地表述，很大程度上是想当然的，经不起不断的仔细推敲。我对易卜拉辛的误解突出了这种单薄。常识、日常互动的意涵往往超出其自身。易卜拉辛和我来自不同的文化，我们在马拉喀什对日常生活之意涵的理解是截然不同的。

第三章　阿里：一个局内的局外人

　　就在阿拉伯人聚居区城墙外,在穿过市政公园并离穆罕默德第五大街往山坡下 200 码远,有一块空地,法国人将贸易和商业活动集中于此。对于周边城镇和乡村部落的人们而言,塞夫鲁一直是重要的补给站,但在保护领地的统治下,它的范围和重要性被整合和扩大,以便增加商业及税收,保持政治稳定。一个很大、脏兮兮的庭院,处在一套有拱廊连接的矮楼之间,被用作蔬菜批发市场。不远处走上几个台阶,紧挨着塞夫鲁厚厚的城墙的区域,是工艺品及编织品市场。市场歇业时,它就被用作操场或小型足球场。在镇子外围的郊区有个牲畜市场,是一个封闭区域,门口有税收人员把守,柏柏尔村民们每周二聚集在这里进行买卖。不管什么天,人们照常认真地讨价还价,忙得不亦乐乎。对于一个穷苦的柏柏尔人而言,哪怕是卖一只羊,都有可能是他计划了好几个月的买卖。

　　当一个人进入阿拉伯人聚居区的大门——过去为安全起见,晚上都是关着的,他就离开了笛卡尔式(Cartesian)街道、整洁的拱廊、开阔的空间——这些都是法国人贡献给塞夫鲁的。最鲜明的分界参照标志就是穿过阿拉伯人聚居区的中心的维德亚加河。这条河曾在 1950 年一次灾难性的洪水中淹没了河堤,所以河床又被重新挖掘,现在基本成了地下河,远远地就能听到下边妇女们在洗衣服、聊天。

如果不顺着河流走,那你只能凭着习惯和经验在城中摸索了,没有一条直道,唯一的标志性区域就是城墙围起来的"梅拉",或者说犹太区。与阿拉伯人聚居区一样,它也有着一个控制进出的唯一出口——一座小桥。如今,大部分犹太人要么已经离开塞夫鲁,要么搬到市区的更现代的地方去,只有那些刚来到城市的贫穷农民才会到梅拉与妓女为伍。

聚居区里有几个叫得上名字的区域,但塞夫鲁居民的唯一特点就是异质性。以前除了梅拉,根本没有种族聚居区,没有城乡之分,也不分职业类别。富人的居住区也是零零散散,隔壁就是那些从乡下来找工作的穷人。最近,一些较富的人已经搬到塞夫鲁的新城区。但即使在新城区,人们也并不严格按财富、种族、职业或阶级来划分。聚居区里的人口密度相当大,2.2%的土地上居住的人口占塞夫鲁总人口的 40%。

曾经在塞夫鲁工作过的人类学家们给了我两个人的名字,他们有可能给我做资讯人,帮上点忙。他们告诉我,这两人一般待在聚居区里的一个摩尔人的咖啡馆里,咖啡馆离聚居区里的主要的清真寺以及那条河不远,随便问一个人都知道那地方。在这座城市的中心,也是为数不多的十字路口之一,的确有家咖啡馆。房子破败不堪,屋顶的瓦片早就需要修理了,桌子也是破破烂烂、摇摇晃晃的,就连里面的人也很邋遢,几个男人兴高采烈地在玩扑克牌,其他人则手握玻璃茶杯坐在那儿。我用夹着蹩脚阿拉伯语的法语向店主问候,一阵沉默之后,他出来对我表示热情欢迎。他用他蹩脚的法语表示欢迎我来到摩洛哥，如果有什么事尽管来找他，他将尽其所能地帮助我。他的儿子会法语，他会叫他来帮忙。最后他坚持要我待在他的咖啡馆里。

就在我们站在咖啡馆门口进行这段公开性的交流时，一个又高又瘦的男人大笑着从对面一家店里冲出来，穿过狭窄的广场跑了进来，热情地打招呼。他与店主握了握手，店主显然不是很欢迎他。他然后对我说了一通，跟店主讲的一模一样，只是更简略，因为他的法语很差。他一定是来自宗教中心西迪·拉赫森·利乌西（Sidi Lahcen lyussi）的阿里。据说，他无所不知，而且耐心、聪明、好奇且富有想象力，是一个优秀的资讯人，非常愿意为钱而工作，是塞夫鲁及内陆地区的绝佳向导。

我接过了茶并向他们解释，我已经与易卜拉辛约好了，今天不能再待在这儿了，能不能明天过来？啊，啊——当然可以。长期的失业及随之而来的大量空闲时间，很不幸，对人类学家的事业却是有帮助的。许多阿拉伯人聚居区的男人只是偶尔才工作，所以任何赚钱的机会他们都不会放过。他们同时充满了好奇心，渴望着新事物。人类学家同时为满足这两种需求提供了可能。

第二天早晨我又过去了，看见阿里坐在街对面的一家小裁缝店里。店主叫苏锡，矮矮胖胖的，是阿里的朋友。从字面上看，苏锡（Soussi）的意思是指南摩洛哥苏斯（Sous）地区来的人，他们素来以节俭而闻名，开的店遍布摩洛哥各地。可后来的结果却表明这个苏斯人，既不努力工作，也不节俭，还不爱说话，他好像总想关门去远足或冒险，把生意看成很烦人的事。

我到的时候，几个妇女正为了一条围巾同他讨价还价，但是显然无济于事，他很不耐烦地将她们轰走了，让她们很是诧异。阿里热情地招呼我,又拉过一把摇摇晃晃的椅子,向街对面叫了两杯甜薄荷茶。我感觉塞夫鲁大部分的人在急冲冲地掠过我们,这个十字路口是三条弧形斜坡的交汇处,因而人、驴、狗,还有羊会猛不丁地从拐角处冒出来,走上小广场,接着又消失在另一拐角处,或者又爬上另一个坡,就像过山车。阿里和苏锡似乎认得每一个经过的人,急促而又简短的问候就像机关枪一样,等对方听到时,声音和问候的人已经消失在拐角处了。身为一个纽约人,一个街区生活的拥护者,与新城区那按部就班和准郊区的气氛相比,我觉得在这里更自在。另外,我坐在这座被城墙包围的千年老城的中心,腿上摊着笔记本,和我那包着头巾的朋友一起喝着茶,体验着参与式观察,非常具有民族志的味道,这完全符合自己作为人类学家的形象。

上午很快过去了,茶水却不断,茶和糖在摩洛哥有着不可想象的甚至是强迫性的重要地位。茶饮的准备与消费是显示慷慨与交流的日常仪式,但已构成很大的经济负担。谁支付了多少茶与糖,几天前或上周谁欠谁的,茶饮的质量,所有这些都是日常生活的永恒话题。穷苦农民现金收入的40%都被花在茶与糖上。人们或许会有一种印象,茶是最古老、最固定的一种摩洛哥商品。然而事实并非如此。在塞夫鲁附近的乡下,茶和糖作为蛋白质的主要替代物,仅是过去七八十年间的事。实际上,茶是在18世纪由英国引进摩洛哥的,直到19世纪才逐渐流行。在1874—1884年的摩洛哥危机时代,喝茶变成了全国性行为。十年间茶叶消费翻了三番,糖紧随其后,德国、法国和英国公司有计划地开辟了一个大得让他们也觉得惊讶的市场。

阿里和一些朋友：塞夫鲁的暗娼社会。

无论如何,现如今茶已成为摩洛哥人生活中备受珍爱的东西。它的准备——小心翼翼地用小锤敲碎圆锥形的糖块,茶壶的洗涤和操作,茶叶与薄荷的调配,所有人全神贯注地瞅着慢慢冒出的气泡,浅尝、再加热、再尝,肯定会有的再次加糖——终于,它欢快地由长弧形壶嘴中喷泄而出,这一幕,我在摩洛哥逗留期间观摩了几百次之多。

一个柏柏尔妇女,穿着一身花哨的衣服,背后绑着一个很小的婴儿,出现在斜坡的拐弯处。她与阿里交谈了几句后俯下身去,阿里紧紧地用手托着婴孩的头(那个小孩还不到几个月大),用他的嘴对着小孩的嘴轻柔而用心地发出响亮的吮吸声,小孩开始大哭起来,阿里则带着一丝职业性的骄傲向那母亲展示带有黑色小斑点的口水,她似乎很满意,给了阿里一些铜钱后离开了。

阿里所进行的整个治疗过程最令人叹为观止的是它的简便。在我的眼皮底下,整个视角的转换一气呵成。而阿里、苏锡及那个妇女对这一过程毫不奇怪,只有我这个人类学家和那个婴儿受到了此事的干扰,但我很快就镇静下来,并意识到我发现了一种治病方法。

田野作业是反映与直观的辩证法,二者同是文化建构。我们的科学分类法帮助我们分辨、描述、发展探索的领域。但没人能一天 24 小时地处于询问和重新定义的状态。事实上,很难持续地保持对这个世界的科学视角。在田野作业中,几乎不可能指望任何回头,日常生活的世界比自己在家所经历的变化要快得多,也戏剧化得多。新经历的识别及其常规化之间存在着一种加速的辩证关系。

当我就这次治疗开始询问阿里时，我的科学范畴有了些调整——我知道了更多有关治疗的情况，它那心照不宣的假定、行为方式及限制条件——而我的常识世界也发生了变化。在纽约，我对这种治疗者一无所知。因此当我第一次亲眼看见这种活动，必须全神贯注，我整个意识都被其吸引和控制了。但随着田野作业的继续，我又见证了几次这种表演，我开始对其不以为然了，它们很快就成了我知识的一部分，我世界的一部分。阿里的治疗术不再吸引我了，我也因此能将注意力集中到其他方面。

这种关注、鉴别和分析也干扰了阿里平常的治疗方式，他被迫持续地反思自己的行为，将其客观化。因为他是一个好的资讯人，他似乎在享受这一过程并将之发展成一种艺术——把他的世界展示给我。他做得越好，我们能共享的东西就更多。但是当我们更多地忙于这种活动时，他也就更多地用一种新的方式来体验自己的生活。在我的系统性提问下，阿里开始能掌握他自己的世界并将之转述给局外人。这意味着他也要对这种文化间只略微能感觉到的自我意识世界花费更多的时间。这是一种艰苦且难以忍受的体验——几乎可以说是不自然的——不是每个人都能长时间忍受它的模糊性和带来的张力。

这仅是田野作业辩证法过程的开始，我说辩证法是因为无论是主体还是客体都不是静态的。同理查德和易卜拉辛的合作，仅仅是简单的开始而已。但与阿里在一起，出现了双方对经验和理解的共建过程，一个相当脆弱的常识领域：常常会断裂，又随时续上，然后再检验；开始是这儿，接着是那儿。

这种检验，虽则是建立在这类新的日常生活经历之上，并不断地被调和,但却是受人类学家的专业关注所控制。这是他最终的承诺,也就是他为什么在那儿的原因。对于资讯人,无论是就我们所设想的他那主要是务实的动机而言,还是就他发展出的反应和表征的一种实用艺术而言,都是一种更为实际的事务。

随着时间的流逝,人类学家和资讯人共享许多经历,他们将来会以较少自我反思的态度来利用这些经历。他们所共建的共同理解是脆弱的,但人类学家的求知过程就是在这一不稳定的基础上进行的。

*　　　*　　　*

阿里答应带我去参加西迪·拉赫森·利乌西村庄的一个婚礼,我已经参加过几次城市里的婚礼,摩洛哥人最好的食物、音乐、庆典都将会在那时展现。这是一个变换步调的绝好机会,例行工作中的一个分岔。婚礼将是了解农村的绝佳机会,也是村民了解我的时候。

那天下午,阿里来了,我告诉他我不一定能和他一起去,因为我的胃不舒服。一想到要那么长时间里处于一个陌生的而又有严格要求的情境下,而我还要取悦于在场的人,特别是在我目前的状态下,我有点畏惧。阿里露出非常失望的表情,他原本算计着坐我的车去,并夹杂着想显示与最吉利的客人(如果不是尊贵的客人的话)同到的声望。

第二天他又来时,我感觉好些了。他保证说我们只会待一小会儿,并且强调他已经作了事前安排,如果我不到场的话对我俩都没好处。于是我答应了,但让他保证只能待一个小时左右,因为我还在生病。他一再承诺只要我想离开,随时都可以。

那晚,阿里和苏锡大约九点来到我的住处,我们出发了。我已经有些累了,就对苏锡很清楚地重复道,我们只稍作停留后即返回塞夫鲁,这家伙参加晚会上瘾。"怎么样——好吗?"

当我们离开塞夫鲁时,天已经黑了。当我们从高速公路上下来,拐向一条通向村子的土路时,已是漆黑一片,这让我感觉不是去乡村,增加了我对整件事的不确定性的感觉,但是,一到村庄我的心情好极了。

婚礼在连成一片的房屋所组成的复合院里举行。结了婚的儿子们的房子彼此相连,用泥土和石灰建成,很简单,到目前为止,这些房屋已经形成了一个封闭的建筑群。每一部分的建筑都是两层楼,畜栏和厨房等都安排在楼下,卧室则在顶层,两层之间有摇晃的楼梯相连。那晚为了跳舞,院子中心铺上了麦秆。我们受到欢迎,上了楼梯,被引进一个狭长的房间,四周摆满了垫子。沿着房间平行摆放着大约五张桌子,我告诉自己来对了,这是个明智的决定。每个人都非常友好且似乎都知道我是谁。我们喝着茶,聊着天,开着玩笑,大约经过一个小时之后,晚餐开始了,变形了的金属盘子依旧光亮。一个小时的谈话在非常友好的气氛中度过了,尽管我那微乎其微的阿拉伯语并不能充分地交流。我这时还留有胡子,于是他们就不断友好地对此开玩笑,说对于一个年青人来说这并不合适。晚餐很简单却做得很好,有用橄榄油炖的羊肉,有刚从烤炉拿出来的新烤的面包。

"大多数时间泡在咖啡馆里喝茶。"

吃完饭，又喝了许多的茶，我们下楼到了院子里，舞会开始了，我站在角落里斜靠着一根柱子观赏着。舞者全是男性，当然，他们分成了面对面的两排，手搭在彼此的肩上，两排中央是一个拿着粗糙小手鼓的歌者，他一边唱一边前后摇摆着，两排的人们则顺着他直接而又持续的拍子回应着，他唱一段，他们应和一段。妇女们在院子的另一侧吃饭，此时正向外张望着。她们都身着盛装——颜色鲜艳的长袍，她们用叫声回应着不同的唱段，她们的激情激励着男人们。我不懂这些歌，也不跳舞，因此我的热情很快就消逝殆尽了。阿里则是最为专注的舞者之一，其他事务很难引起他的注意。当中间的唱歌人烘烤他的铃鼓以舒展其鼓皮时，舞会出现了一个间歇，我终于叫住了阿里，礼貌而坚决地告诉他我感觉不舒服，而且我们已在这儿待了三个小时，已经半夜了，我们是否可以在下支舞后离开？当然，他说，再等几分钟，没问题，别担心，我明白。

一小时后，我又说了一次，得到了相同的答复。然而这一次，我有些恼怒且沮丧。我确实觉得不舒服，山间的空气现在非常寒冷，我穿得又不够暖和。我完全在阿里的控制下了，我不想惹恼他，但我又不愿待在这儿，我不停地对着自己发着牢骚，但是不管谁对我微笑，我都努力报之以笑脸。

最后，凌晨三点时，我再也无法忍受了，我感觉糟透了，我对阿里感到愤怒但又不愿意表露出来，我打算不顾后果要离开这儿。我告诉苏锡说："我们走吧，如果你想坐车的话，叫上阿里，就这样。"此时阿里已不见了踪影，苏锡跑开了，回到车边时已把带着满足笑容的阿里带来了。我发动了车子，正式宣布我准备离开。他们钻进车子，苏锡坐在前面，阿里坐后面，我们离开了那个山村。最初五英里的路程，只能称得上是乡间小路——未铺沥青，坑坑洼洼,转来转去,有些地方还颇为陡峭。我是个新司机,对自己的驾驶技术并无信心,于是我一言不发地盯着路面,专注开车。当成功地驶离这段路,上了高速公路后,我松了一口气。

当我们行驶在跌跌撞撞的乡间小路上时,苏锡一直喋喋不休地说话,我则保持沉默,不理后面的阿里,他也不怎么说话。当我们抵达高速公路开始快速赶回塞夫鲁时,他冷淡地问了句:"*wash ferham*"——"你快乐么?"我僵硬地笑笑,说不,他又追问为什么,我直截了当地告诉他我生病了,而且已经三点半了,我唯一想做的就是回去睡觉——又加上一句,诚挚地希望他玩得愉快。是的,他说道,他很愉快,但如果我不开心的话,整晚气氛都被破坏了,说着他做出要下车的样子。别这样,阿里,我说,让我们心平气和地回塞夫鲁。但为什么你不开心呢? 我提醒他的诺言。如果你不开心,他说,那我就走回去。这样的交谈持续了几次,双方都无视苏锡无谓的调和。最后我告诉阿里他的行为就像个小孩,我很不开心。他并未给出任何具体的解释,只是坚持说如果我不开心他就走回去,他开始倚向后边,打开苏锡那边车门,吓得苏锡手足无措。车子正以 40 英里每小时的速度行驶着,我也吓坏了,我将车速降到了 10 英里,他又一次挑衅式地问我是否快乐,我无法让自己说是——我的"超我"告诉我本应该说是的,但那晚上的种种事情,以及无法更好地将自己的情绪用阿拉伯语表达出来的挫折感混杂在一起,我最终没有说。又争执了一次,他又威胁,这次我停下了车,他走了出去——他现如今只有如此——他立即下车并沿着高速公路向塞夫鲁方向走去。我让他先走了 100 码左右后跟上他,叫他上车,他把头转向另一边,苏锡也劝他,但毫无结果,我们又将这一闹剧重复了两次,我困惑、厌烦、极端沮丧,踩着油门驶向塞夫鲁,让阿里一人独自走余下的五英里。

我很快就睡下了,但在夜间时断时续的睡眠中我告诉自己可能犯下了一个极大的专业性错误,因为资讯人永远是对的。另一方面,我却并不后悔。很可能我已经毁了与阿里的关系,这个不可弥补的过错会使我丧失了去那个村庄调查的机会。但摩洛哥还有其他值得研究的事情,并且是我应该全力以赴的事情。我漫步在新城区绿树成荫的街上,回想起一个朋友在我们博士资格考试前说的一个故事,他在考试前整整一周晚上都做噩梦,梦见自己成了一个鞋子推销员。我在别墅中漫无目的地走着,脑海中为自己设想了几种职业。我平静下来,告诉自己,如果这就是人类学,如果我自己将其弄糟了,那么它本来就不属于我。

衡量尺度显得足够清楚:我必须明白我的角色地位,如果资讯人永远是对的,那就意味着人类学家必须成为一个非人(non-person),或者更确切地说,一个完全的角色。他必须愿意以微笑的观察者身份进入任何情景,经过考虑仔细地记下事件的具体特性。如果有人对象征分析和文化表述感兴趣,那么感情、手势之类的难以捉摸的方面必须包含在内。这是我的教授曾极力推崇的:不管遇到什么不便或者困扰,必须忍受。正如另一个同事很骄傲地指出的,一个人必须完全使自己原有的道德规范、行为方式及世界观处于顺从的地位,"避免不相信",以便既充满同情而又一丝不差地记录事件。

所有这些在芝加哥都被视作理所当然(更准确地说,在那儿人们对此只需要说说而已),但在那次婚礼上却并非如此简单。在之前的一个月里,阿里一直是我坚实的伙伴,我和他已经建立起一种真正的和谐关系,他更多的是朋友而不是资讯人。我正在逐渐适应塞夫鲁,我的阿拉伯语太差了,以至我们无法一同进行一些需要持久计划性的工作。我发现自己很难接受更大的自我控制和有所放弃这样的要求。我已经习惯于积极地跟人交往,我也觉得,现在除去一些苦行僧式的愉悦、有成效的升华、自我控制的喜悦外,我几乎无所依赖,那种一年都要保持状态的想法在我身上并没有一个光明的前景。

若是拒绝(哪怕是以心照不宣的方式)承认摩洛哥人基本价值观的存在和有效性的话,一个人就会使他所收集的知识产生偏颇。资讯人并未停止他的生活,也不想悬置他基本的假定。这并非一种对等关系——毕竟,资讯人对于这奇怪的外国人真正追索的东西仅有一点模糊的认识,一天中的其余时间,资讯人仍旧回到他自己的生活中,也许他还会因为人类学家的问题或者自己同伴的嘲弄而遇上点小麻烦。但一旦信心建立后,资讯人会用自己习惯的方式进行判断并与人类学家交往,哪怕其局外的立场从未消除过。

当对环境的不自然性的那种外显的自我意识开始消退时(它从未完全缺失过),双方的行为和判断的内隐方式又重现了。人类学家应知道这些并控制自己,资讯人则只需要"是他自己"就好了。

在婚礼上阿里已开始试探我,就像摩洛哥人相互之间进行试探以了解对方的强项和弱点一样。他一再推进和探查,我尽力避免像摩洛哥人那样一口回绝他,而是换以人类学家的角色,全盘接受,但是一切都是徒劳。他继续以他自己的方式来理解我的举动,在他看来我很软弱,在他的试探面前一次次投降了。结果就形成了循环,他有点变本加厉,以显示他的主导性,以及我的屈服和无个性。即使是在回塞夫鲁的路上,他还在试探我,拐弯抹角地恭维我,试图羞辱我。但阿里对他的胜利感到不安,想将之转换成主人与客人的关系。我在车里的沉默明白无误地表明了我的忍耐限度,他的反应则是强烈的:我快乐吗? 他是一个好的主人吗?

主人的角色综合着摩洛哥人的两种主要价值观:就整个阿拉伯世界而言,是通过慷慨程度来判定一个主人的。一个真正的好主人是一个将他的大方和慷慨无限地展示给他的客人的人,人们对一个人的最高赞美就是说"*karim*"——很大方,一个典型的主人能招待好多人,优雅地展示他的慷慨。以此他将最终与真主——慷慨的源泉——联系在一起。

如果客人接受了主人的慷慨,那么他们之间就形成了一种明显的支配关系。主人为客人提供的食宿和照顾同时也是客人承认主人权力的象征物。只要进入这一状态,便代表着接受服从的身份,在这种绝对均等的社会里,为保持平衡而进行交换或者互惠的必要性是很明显的。摩洛哥人会想尽办法,即使忍受极度的贫穷,也要回报别人的招待,这样他们才能重建其所诉求的独立性。

那天晚些时候,我去了苏锡的店里找阿里,试着修复我们的关系。一开始他甚至不愿和我握手,有点傲慢,但苏锡在一旁帮着调解,我又不厌其烦、接连不断地道歉,他才开始有了转变。等到傍晚我离开的时候,我们之间的关系又恢复了,事实上,这次对抗加深了我们的关系。实际上,我很感激他。用他自己的话说,我从他的脚下抽走了地毯:先是不睬他,接着在车上对他开战。非常幸运,我的切入点和摩洛哥人的文化方式有着一致之处,也许在其他场合,我的行为将被证明是无法弥补的。但是,边缘政策在摩洛哥的日常生活中经常发生,但必须运用策略。我在最后对抗阿里之间,曾和他沟通过。

事实上,从那一刻起,我们相处得非常融洽。就在这次事件之

后,他才开始向我展露他以前所隐藏的生活中的两个方面:他同兄
弟会的联系,以及他组织的卖淫活动。

*   *   *

宗教性质的兄弟会在摩洛哥历史中扮演了相当突出的角
色。如今,在摩洛哥有着相当数量的不同类型的兄弟会。有的
只是在一个圣人名义下组织起来的当地人,有的则是规模大得
多、影响也大得多的兄弟会,在中东和非洲都有信徒。大多数的
兄弟会都是追溯到一个强有力的圣人,他们从他那儿获得巴拉
卡(*baraka*,神赐的力量)。在摩洛哥,宗教力量同其他大多数事
情一样,都被人格化了,由某些相当有力量的个体展示出来。这
些个体的精神力量可以采取很多种形式,可以是广闻博学的、有
治病本领的,或有强大的精神或肉体忍耐力的。一旦一个人对
世人表现出他的巴拉卡,并被社会认可,将会有一大批皈依者追
随而来,以期按照他的办法获得一点他的神力。有关他的所作
所为的传说就会迅速传播开来,如果他的后继者足够精明的
话,这种对神力的控制能力就会代代传承。

圣人的神圣性可以间歇地传递给兄弟会的领导者而并非家族
的继承人。这些兄弟会在具体活动的性质和自我设想方面差异极
大。一个极端是非斯的改良派城市教会,这是个严肃而又拘谨的
资产阶级团体,极力维护他们认为的纯正伊斯兰教正统,拒绝过多
的乡民加入。像其他伊斯兰教改革运动一样,他们强烈反对崇拜
神、癫狂举止、精神恍惚,以及一切在他们看来是非古兰经式的腐
化信仰的行为。

另一极端则是被法国人认为极有特色的兄弟会——大众联盟(Confreries Populaires)。这些兄弟会通常都是以共同的名义——苏菲(Sufi)——组织起来的,与其说他们关心本质上宗教的正统性,不如说是追求获得瞬间的精神力量。这类兄弟会中最有名的两个——艾萨瓦(Aissawa)和哈瓦查(Hawadcha)——则是关于治疗的。他们最初在16、17世纪获得广泛知名度。那是一段漫长的宗教和政治混乱期。他们因为方式独特而出名,例如砍头、吞火和舞蛇等。

这两个兄弟会从城市贫民中吸收了一大部分成员,在农村也有许多信众。必须强调的是,许多摩洛哥人参加不止一个兄弟会,走向神圣并不是密闭的集体行为,人们并不认为同时参加几个方法绝然不同的兄弟会是矛盾的事。似乎只有具有高度自我意识的改革者们才会为之烦恼,大部分摩洛哥人并不这样觉得。此处与摩洛哥其他地方一样,选择被最大化,单纯社会学意义上的关系被文化的流动性所削弱。

兄弟会本身是个松散组织,各地都有一个头头,称作穆卡德姆(*moqaddem*,字面意义是"站在前面的人"),他们负责管理日常事务,收集和分发施舍物,组织和领导兄弟会的活动,充当争议的调解者。他并非是由整个兄弟会选定的,而是由地方会员选举的,通常是一个精神上值得称赞和政治上精明的人。

获得会籍也是非常随意的一件事情,并没有特殊的入会仪式,没有神秘的指示,成员之间也没有森严的等级区分。兄弟会的聚会方式或者说连祷——迪克(*dikr*)——通常很简单,经常只是真主名字或特性的变体,无休止的重复。大部分兄弟会中都没有正式成员。经常参加活动的人在日常事务中有着更大的影响力,但每个人想参与都是受欢迎的。一些正式职位可能会出现亲属或家族里的人,但相对而言都是些次要的角色,并且在摩洛哥,家族式的操纵绝对是很正常的做法。

阿里是艾萨瓦兄弟会的成员之一,它的精神领袖可以追溯到西迪·本·艾萨。据可查证的史料记载,这个人生活在 15 世纪。然而,在流传的传奇故事中,他却生活在现今王国建立时的 17 世纪。尽管如此,西迪·本·艾萨的传奇集中描述了他神奇的治病能力以及他异乎寻常的驯服野兽的本领,特别是毒蛇。这些特质也是今天艾萨瓦活动的特点。

阿里的祖上是一个圣人,一生花了大部分时间专门反对诸如艾萨瓦之类的兄弟会,但这个事实同阿里现在的情况并不矛盾。实际上,他作为乌拉德·希耶德(*wlad siyyed*)——圣人的后裔,这反而让他在艾萨瓦的追随者中增强了宗教威望。这在迎门而出的对阿里热情而亲切的欢迎声中得到证实,那是在塞夫鲁中心离主要的清真寺不远的一所房子里,将要为一个生病的小孩举行一场"夜晚"仪式。阿里已经告诉会员们我将来参加,所以我们进去时没有引起什么混乱。人们看起来都已陷入了迷醉的状态,除了一般招呼外,仅有的对我的评论来自一位妇女,她注意到我穿了一件粟色夹克,暗示阿里让我在进入另一间房前脱下它,因为这可能有危险。他们每年在梅克内斯举办歌颂他们的庇护圣人的庆典,穿红色衬衫或戴红色领带的旁观者经常遭到教会里的人的攻击。我愉快地脱掉了夹克。

这儿有两间主房,小点儿的那间是接待室,那儿放着各种仪式所必需的各种器具以及道具,几个炭炉、火把、煤油及一幅毒蛇画。在这个房间我们可以看那间更大的主房,"夜晚"治疗活动将在那里举行。

大约在我们到那儿后的头一个小时,15个男人一边依着三个铃鼓的节拍在跳舞,一边唱着兄弟会的"迪克"或者说连祷,其实就是真主的名字。跳舞的人面对乐师站成一排,节奏先是5/1拍,然后又是3/1拍,一直重复。舞者手交叉在腰间,随着节拍围着圆圈跳,结合着臀部的摇摆动作,就像波浪一样,头则沿着椭圆形路线从一边转向另一边。这一平和而美妙的舞蹈会在某个舞者走到队前时间歇性地停一下,然而又很自然地在同样松散的形式中继续下去。晚上的晚些时候,几个舞者已经进入迷狂状态,直线也就变成了圆圈,美妙的对位动作彰显出亲密的保护性。

舞者中有十几岁的年轻男女,还有一个应该有八十多岁的老人,年龄不一。虽说整个"夜晚"活动中也有几个妇女舞者,但其舞蹈缺乏一种协调统一的形式,当迷狂时,妇女们从观众中走出,与男人们共舞,她们的舞蹈相形之下更富有激情也略显粗糙,头发也疯狂地舞起来(这时是披散开的),常是以戏剧性的累倒而结束。

整晚活动在警惕性极高的穆卡德姆的掌控下井然有序,他保证祷歌不间断,确保迷狂的舞者不伤害到自己,轻巧地引领着他们回到那些等着为他们洗脸和安慰他们的妇女那里。然后他还要认真地观察一切有关的事情以避免发生意外。他的方式完全是幕后和指导性的,这与摩洛哥人的行为方式和程序极不相符。

这种有节奏的吟唱持续几个小时,期间只有需要烘热鼓皮,或是偶尔爆发出迷狂(我发现此时是极其轻松和舒适的)时才稍停一会儿。吟唱之后,穆卡德姆点燃炭火,一系列吞火表演开始了。他将一束洒过似乎是煤油的火把散发给每个摇摆的舞者,他们此时还是成线形排列。节奏没变,但此时每个舞者都手持着明亮的火把，放在长袍（*djelleba*）下面，然后慢慢地绕自己的头发一圈，最后非常刺激的将火把刺入嘴中，其中每个动作似乎都持续了几分钟，直至火把熄灭。接着是短暂的休息，穆卡德姆将再次点燃火把，同样的程序再次进行。他们逐渐进入角色，继续排成直线舞蹈，但这次每个男人会轮流跳到队伍的前面，表演火把仪式。穆卡德姆仔细关注着这些举动，以免有舞者进入恍惚的状态，或者晕倒在地上以致烧到自己。当他感觉某人已经跳得够多时，他会简单地问句"嗯?"（好了么?）那人就会把火把交给他，谦恭地走回队伍。这个晚上阿里并未吞火，他说他刚参加过一场"夜晚"，现在太累了，做不了。将火把绕过头、衣服，进入嘴，这种标准动作模式消耗很多能量。

火把表演过后，整个晚上的紧张气氛似乎开始回落，吟唱和摇摆舞依旧持续着。又过了些时间，阿里跳到队伍的前列，处于一种深度恍惚状态，他卷起袖子，用指甲优雅而有节奏地划割着自己的前臂。虽然那晚他的胳膊上流满了血，但是很神奇，第二天只留下小的抓伤痕迹。他筋疲力尽，精神萎靡不振，抱怨说头很痛。

整个晚上的高潮部分是治疗仪式，快半夜才开始，前几个小时的舞蹈并非专门针对治疗，但是舞者明显陷入了深深的精神沉迷中。这场"夜晚"是为一个小男孩而举办的，由他的家人资助，实际上就是要提供场所和招待客人们的食物，这对于一户贫穷人家而言是一笔很大的开支。

五个男人占据了地板的中心位置，其中四个发出狮子般的嗥叫，模仿着狮子的动作，第五个人走向隔壁房间，把那小男孩抱过来。若不是那些嗥叫声，我很可能将接着发生的事情描述成一场精心安排的程式化的哑剧，那四只"狮子"假装攻击那个男孩和他的看护者，看护者则用反击刺杀来防护，而所有这些动作都是以一种缓慢的方式展现的。整个表演很令人信服，圆圈的扩大和收缩中的空间利用设计得很完美，当男孩从一人手中传到另一个人手中时，舞蹈者表现的力量得到了提升。每个男人接到男孩时，完全从吼叫的、攻击性的狮子形象和谐地转化为看护者的保护和爱抚的样子。整个哑剧表演在扩张和收缩中优雅地变化着，攻击和防护，所有的人都处在一种深迷的、梦游似的动作中。

这个"夜晚"仪式结束时，所有成员都围着穆卡德姆而坐，他手持一个铃鼓和艾萨瓦兄弟会的旗帜，领着他们进行最后的吟唱。那些又累又倦的舞者们从梦幻中醒过来，"夜晚"结束了。食物端上来，但人们已没有精力仔细品味。吃饭时亦夹杂闲聊，饭后不久我们就离开了，第二天阿里告诉我那个男孩看起来好多了。然而我们知道，这些"夜晚"仪式实际上是针对所有参与者的精神疗法，并且几个月后肯定要再做一次。

那晚最让我惊讶的事情也许是它看起来是那么的自然，无论是当时还是事后追溯，对我而言就像观看约翰·柯川①的表演一样，有着那种令人涤荡心灵而又渲泄情感的效果。不管是仪式中还是演奏会上，优雅的表演者进入了一种精美的文化形式，它能深入到情感和困扰的心智中，通过这种形式，他们发掘并传达着一种放松的方式。阿里在"夜晚"结束时大汗淋漓、虚脱的样子让我想起了柯川倚在纽约一家地下室俱乐部的墙上的样子，也是淌着汗，一样地大口吸着烟，一样平和的眼神，预示着内心孕育着激情风暴

---

① 约翰·柯川（John Coltrane，1926—1967），美国萨克斯演奏大师和作曲家。——译者

和混乱,但又露出一种适得其乐的暂时释放。

这些形式表达得很成功,精神分离的引导功能很有用,这一宗教仪式为其信徒提供了精神渲泄及短暂的解脱。从文化上说,事物就是人们认为的样子,心醉神迷和内心的翻腾所能达到的最高和最深的境界是人们预先就了解的,对演员和观众二者的意义解释也是不费吹灰之力。整个过程是有约束的,并由穆卡德姆细心而不动声色地监管着,以免其突破这些界限。观察者与参与者之间的界限是很清晰的,这使我异常方便地理解并享受整个晚上。一切都做得那么美。

当一种成功的文化形式提供出一种不断发展的结构来解释和生成经验时,这种他者的经验是最易理解的。界限清晰可见,象征符号一一对应,程序则在掌控之中。无须惊奇,就是在此处,人类学家最成功地表述并理解了异文化。然而,绝大部分文化差异正是植根于日常的活动及常识性的推理中,即界定不那么清晰、外在表现不那么明显的领域。主位观察相当困难,因为这些现象随处可见,也被证明是我们所发展的方法论最难解释的部分。并没有最终的清晰界限来界定和定义文化展现。仪式固然有其复杂性,但却不同于那些为社会生活带来一致性的更为松散的、零碎的和局部的安排。

*　　　*　　　*

阿里和我现在是很铁的伙伴,尽管存在着语言障碍,我们相处得极好。我们经常就我那蹩脚的阿拉伯语开玩笑——如何干巴、无力和不合宜,这类评价总是会引起阿里和苏锡的一阵哄笑。他们非常享受这种嘲笑式的歪曲——用精巧的结构或者玩文字游戏来打趣我那一丁点阿拉伯语。我们在一起度过了很多这样的时光，开玩笑、推搡、调侃，还有喝茶。

我还了解到苏锡为何会对他自己店里的买卖那么不上心，因为他有另一份职业，拉皮条。事实上，他和阿里操纵着一个很大的，或许可说有点卑鄙的卖淫组织。他们从周边的山村中招募柏柏尔女孩，将她们安顿在塞夫鲁。在塞夫鲁，卖淫是一种繁荣的亚文化。几乎每个我所认识的摩洛哥男人都是通过嫖娼而开始异性恋活动的。

那些女孩们则似乎是依靠着新发现的自由而富裕起来（最初），买昂贵的衣服和首饰，这是她们在山村中早就渴望的，而且她们对待客人也表现得亲昵和风情万种。无论何时，塞夫鲁以及乡村的男人们谈起和她们的交往时都充满了真诚和温馨。在摩洛哥，妻子与带来快乐的女人之间有着强烈而又清晰的区分：妻子应做饭、生小孩，必须保护家庭的荣誉感，而妓女则意味着娱乐性的爱，塞夫鲁的男人们花上大把的喝茶时间互相吹捧与她们共度的那些美好的时光——晚上、白天，甚至早晨。

这群女孩中很多人几年之后就会结婚，虽然她们丧失了声誉，但她们却有着成为妻子明显的优势——通常对离婚男人而言。当然，娶她们只需要很少的成本，而她们自己常常是较为富有的。男人们说她们可以成为好妻子，因为她们先前已放荡过了，以后就会变得可靠的。不管怎么样，在塞夫鲁，同摩洛哥的其他各处一样，她们都是一个很大的亚文化群体。虽然明显形成了一个外群体，但她们在阿拉伯人聚居区内并未完全遭到鄙视和排斥。

一位年轻的家庭主妇。

到塞夫鲁市场来的一位老年柏柏尔妇女。

苏锡的店和阿里的店隔着马路遥遥相望，后者的店也是他的治病中心，并且是这些姑娘们的中转站，最终她们会进入梅拉（犹太区）。自从犹太人放弃了这个地区，它就被贫穷的乡下柏柏尔人和一大群妓女所占据。

在苏锡店前聊天后大约过了一个月，我也快成了他们的帮凶，帮他们驱赶那些想买衣服的人，很滑稽。我也认识了阿里的女朋友。阿里已结婚并已有几个小孩，但这个来自伊姆尔·马尔穆沙（一个中阿特拉斯山脉的柏柏尔城镇）的柏柏尔姑娘才是他的真正爱人（他称之为"霍布"）。她住在阿里的小办公室里，就在苏锡店的对面。我猜她曾是个妓女，或者起码曾经有去当妓女这个想法，突然被丘比特之箭射中了。她在我面前总是害羞，而且我那蹩脚的阿拉伯语又帮不上忙。但她知道我是谁，并把我视为围绕苏锡的店铺活动的无赖圈子的一员。

在那场婚礼争吵之后的一天，阿里说他的真爱米莫纳要回家探望母亲，问我何不一同前往？换句话则是：我为何不开车送他们几百英里啊？我很高兴地答应了，这一次信任的举动标志着我跨越了另一道障碍。那时，有关我能否进驻西迪·拉赫森村的问题正处在复杂的商谈中（正如下面将要叙述的）。既然阿里是我的主要代言人，帮他一个大忙是个很好的主意。另外，我也很想走出塞夫鲁，而马尔穆沙正好远离这个熟悉之地。它的集市很出名，我也希望去那儿看看真正的柏柏尔工艺品，我还很好奇阿里如何与米莫纳的家人相处，他会扮成一位求婚者，还是他与米莫纳的真实关系已经被接受了？对这个浪漫场景的想象，以及遇到我自己的性伴侣的可能性，交织在一起刺激了我对这趟旅行的渴望。

第二个星期的一天，我们四个人——我、阿里、米莫纳，以及苏锡的一个没事干的堂兄——挤进了我那辆小西姆卡开始上路了。天空万里无云,非常美丽。我们欢快地驶离塞夫鲁进入山区。法国人修建了很好的公路以方便行军和运输食物,但路上只有我们这一辆车。中阿特拉斯山脉展现出一连串的平缓上坡,较为平坦的高原主要被用作季节性牧场。这些高原之间不时有很陡的上坡,在这可以看到下面空地独特的景观。当我们朝着马尔穆沙方向走的时候,可以看到越来越多的松树。很远就能看见马尔穆沙,坐落在尖突的悬崖之上,从后面的陡峭山脉突出来好几百码,下面是一条大瀑布。这里曾是反抗运动的中心,开始是反对摩洛哥苏丹,后来是反对法国人,它的位置具有战略上的优势。前面视野宽广,一览无余,后面则有崎岖的山脉为依靠,后来(1930年代中期),借助于炸弹才控制了此地。

从远处看,马尔穆沙显得比在里面看大。镇中只有一条主干道,政府机关即建于此,还有一个很大的露天市场,我们到的时候正是市集的高峰,但与塞夫鲁相比,显得很安静,里面的工艺品也令人失望。

草草地拜访过奎德——基本上算地方长官副手,一个来自塞夫鲁很有权力的家族的年青人。他一直抱怨着寒冷的天气,以及柏柏尔人难管理。之后,我们去了米莫纳家,她家住在镇边上一座简单粗糙的石头房子里,不是一般城市家庭那种复合式构造,而是一栋只有两个房间的乡村小屋。

米莫纳的妈妈就像迎接失去多年的孩子一样欢迎我们,很显然,她知道事情真相。她立刻架上茶壶,开始煮泡浓浓的、令人精力充沛的高山药茶。我们聊了会儿,她称呼我蒙尔,出租车司机或者是出租车长——很恰当,我想。我那蹩脚的阿拉伯语引起了大家热情而开心的笑声,有力地打击了我参加讨论的信心。不管怎么说,大部分时间里,他们都说柏柏尔语。

午饭后,我们离开马尔穆沙开始一段短途旅行。我并不清楚我们要去哪,但似乎充满刺激,我们都兴致勃勃的。两个柏柏尔女孩——米莫纳和她的妹妹(我觉得更漂亮)自顾自地离开了,她们走出城镇大约五六英里,沿着盘旋的高速公路而下,接着又离开公路走小路,最后来到了一条小河旁。这于我而言有些奇怪,因为她们很显眼,这样做看不出来要掩饰什么。她们走了很远,穿过那条主干道顺着山的一侧往下走,但从上面依然可以看见她们。我们这些男人则开车相随。关于这件事我该问谁?一出市镇,我们就调转头,将车停在离公路几百码远的地方,如果这就是所谓隐蔽的话,那太可笑了,虽说高速公路上看不见我们的车,但在市镇上则可看得清清楚楚。

我们与两个女孩会合,一路笑着闹着,沿着河堤继续徒步向前走,小河蜿蜒向上一直到那陡峭山谷的边上。很快周围就只有我们几个了,我感觉来到了真正的乡村,这也是一次令人惊讶的文化体验。我们将高速公路、市镇及社会甩在后面,我感到一种发自心底的兴奋,就像摆脱了个体的抑制及社会规范。

走到那条采矿小道的尽头,我们又开始沿着河走,不怎么聊天,但没忘了玩耍。每次过河时,阿里分别背两个柏柏尔姑娘过。她们拉着他的头发,抓他的耳朵,就像骑在马上一样摇晃着,引得他尖叫以示抗议,姑娘们则被逗得大笑。一路上我们跑着、追逐着,手拉手相互搀扶着慢慢地爬山。苏锡的堂兄太胖了,总在抱怨,渐渐越落越远,但我们四个人依旧前行。

我有些迷惑,不知道我们去往哪里,在此之前我在摩洛哥从未有过此种感观交流。虽然我极其喜欢这种感觉,但有点好得不真实。随着空气变得更加纯净,玩乐更加自由,萦绕我心头的超我形象——人类学家的角色——加深了我的自我意识。阿里和那两个柏柏尔女孩让我自由自在,没有躲避也没有催促,让我自己去定义我的四周。我感到出奇的快乐——这是我在摩洛哥度过的最好的一天。

　　我们走了大约一个小时后停了下来。阿里指着前方,似乎在说我们的目的地就在那个转弯处。由于此前并未意识到我们还有目的地,因而引起了我的好奇心,也让我很忧虑,也就是说,一切就要结束了?

　　我们又一次出发了。我们现在已爬得很高,空气有些寒冷,河水也流得更欢快。绕过前方的弯道,我们来到一个封闭的山谷,里面有一堵水泥做的小而丑的围墙。真是太扫兴了,走过了那么纯朴的村庄,却遇上了这么一幢建筑。往上看,可以看见对面山梁上有人在骑着骡子向着我们这边下来。我们坐在墙前面的台阶上,喘着气,看着他们缓慢地沿着螺旋路线往下走,我们静静地坐着,不怎么说话,仔细感受着,就像一群很乖的小孩。那群人走近了——事实上他们并未走太近,因为他们经过我们时沿着对岸又往上走了——点点头,又步履艰难地走出了我们的视线。当那些男人们走过时,女孩子们捂着脸。我们很累,喘着气。苏锡的堂兄也终于抱怨着到了。

　　我现在才闻到一股淡淡的让人感觉不适的味道。那幢建筑乍看上去像是一间厕所,但想到这过于荒谬又觉得不可能,当我们的注意力被到来的那群人分散开时,我放弃了这一想法。这里有含硫的泉水,他们说这泉水热气腾腾,有芳香味,而且有益于健康。

那幢建筑里面是一个小池子,温泉从山里冒出来,阿里和那两个柏柏尔女孩决定游泳。游泳?裸体?在摩洛哥?过去几个月我几乎没有看见过一个妇女的脸,在这儿,经过山间一番美妙的调情之后,坐在温泉边,他们要游泳。

阿里脱衣时谨慎地转过身去,三个人那一刻都是很严肃的,脱衣的仪式似乎唤起了社会对规矩的定义。我坐在那儿看着他们时,脑海里闪现出在塞夫鲁洗澡的场景,即便是在公共澡堂,男人们都是面对着墙脱衣服,或穿短裤或用手挡住生殖器,这样唤起的是很强的腼腆感而不是羞耻或犯罪感。愉快的心情,远离田野作业的焦虑和辛苦,与我那属于半上流社会的伙伴(*compagnons de demi-monde*)相处时的温暖和友爱感,交织在一起,像奇迹一般。几乎无声的交流与亲密、优雅和清楚的手势相结合,使得我对整个下午有了一种梦幻般的感受,这一美妙感受间或被我的自我反思意识所打断。有时,我会觉得我们所做的这些毫无意义,没有方向也没有涵义,我们只是简单地持续着。

我自己没有游泳,我太羞怯了,于是我就坐在池子的边缘,而阿里和那对柏柏尔姐妹在互相泼水。这并没有很强的性的意味,我不知道为什么,但这时确实没有。也许他们感觉的只是友情而已,也许只是徒步旅行后的放松,也许是因为我的在场约束使然。

他们互相擦干身子,穿上衣服,我们又启程下山。回去的路上安静而迅速,夕阳西下,天有些凉了。此时的河水着实有点冷,但我依旧很高兴,感受着友爱。我们走到车子旁,同一个孤独的渔夫打招呼,他看着我们,显出心照不宣的表情。我们又恢复了社会人的身份,将车推出泥地后,回到了马尔穆沙。

米莫纳的妈妈和两个小孩正在等我们。他们点着一堆火,火炭上的水壶正咕咕地响。我们互相笑了笑,她又问道:蒙尔司机好吗(moul-taxi la-bas)? 接着我们坐等晚饭。晚餐时其他人用柏柏尔语相互交流着,我则满意地回味着下午那美妙的印象。喝过茶,又经过一番阿拉伯语的交谈,很显然,该睡觉了。阿里带我到另一个房间,问我是否想和其中的一个女孩在一起。当然,我想和我们一起吃晚饭的第三个女孩一起,她有自己的房间,在隔壁。这样我们也就有了自己的私密空间。在我们离开房子前,阿里把我带到一边,支吾着说他本已答应了给她钱但他却没钱了。大家相互祝愿对方度过一个愉快的夜晚后,我们离开了。

我们之间并未说多少话,我那蹩脚的阿拉伯语表达在脑子里变得混乱不堪。于是,她默默地、充满深情地暗示我应当坐在一个矮座垫上,她好铺床。房间布置很简单,矩形的房间边上有一个小的单间,里面是一个洗手盆。除了几个垫子和煮茶用的炭炉,就剩下一张床。下午那种温暖及无声的交流很快就消逝殆尽了。这个女人并不冷漠,但她既不够热情也不够开放。那个下午留给我的印象更深刻。

第二天早晨这种感觉又有所加深。我们一起喝了咖啡又挤进了车子。一路沿着弯曲空旷的高速路开回塞夫鲁,很是壮观。我们一边唱一边开着玩笑。阿里逗我,问与我共度良宵的柏柏尔姑娘,保罗先生是否够棒(*shih*)——与蹩脚(*ayyan*)的意思相反,是强壮的、精力充沛的、充满生命力的意思。"*Numero wahed*"——第一流的,她和善地回答到。紧接着,阿里和苏锡那肥胖的堂兄弟急切地想知道摩洛人最关心的问题:"*shal?*"——这在很多场合下是"多少钱"的意思,但在这里则是"多少次?"——问我有多棒的最直接的表述。我开玩笑地回答道"*bezzef*"——很多次,但他们不满足于这样笼统的答案,一再重复这个问题以取乐,结果答案还是一样。

终于看到塞夫鲁了,作为一个过度砍伐的平原上的绿洲,几英里外就能看见。姑娘们穿上斗篷,围上面纱(几乎所有的妓女都围面纱),很显然,我们又回来了。

第四章　进入

　　尽管到目前为止，我与阿里及一些朋友建立了牢固的关系，但我仍为自己在阿拉伯语上的缓慢进展而发愁。到这个夏季末，我真的忧心忡忡。就要进入一个只讲阿拉伯语的陌生环境，这对我构成了很大的压力。我发觉自己老在讲法语，很明显，在这种环境里我不能取得实质性进展。我内心倾向于彻底离开塞夫鲁，可能的选择很有限。我想与乡村的阿拉伯语者共事，尽管所有的柏柏尔部落都说阿拉伯语，但是好的田野工作似乎应该是在母语群体里进行的，我应该将柏柏尔留作以后的田野之旅。

　　巴里镇，一个座落在崎岖的小山上的前罗马哨所，俯视着下边的田野和橄榄树，是一个可能的选择。它比我所设想的要大，又比较城市化。然而，它有很高的同族通婚率及独特的历史发展，使得它很没有代表性，因此我将其保留作为一个备选项。阿扎巴，一个说阿拉伯语的小村庄，离塞夫鲁大约 20 公里，有一个没有什么特色，也没什么生气的圣徒崇拜团体；总之，乏善可陈。

　　现在余下两个村子，都说阿拉伯语，都有圣人的陵墓和神圣的血统。第一个是西迪·宇瑟夫，塞夫鲁正南方几公里外的一个聚居区。这是一个在生态学上更有研究价值的地方,有着复杂的灌溉系统。说柏柏尔语的人和说阿拉伯语的人共同生活于此。但当地圣人后裔们的精神名望已在年复一年的争吵和内部争斗中消弭殆尽了。由于宗教信仰将是我调查工作的一个主要领域,因此这是很大的缺点。

另一个可能的选择,也是我来摩洛哥之前就被其吸引的地方,是西迪·拉赫森·利乌西。这个村子一直是传统的宗教信仰中心,以有着整个中阿特拉斯山脉地区最大的圣坛而自豪,"缪兹"(musem)或者说圣人节还在举办,整个部族都参与,有着复杂的生态环境,并且,从社会学角度分析,这个村子有着丰富的多样性,九百多居民中有一半隶属四个神圣血统分支。其余的则一部分是柏柏尔人的后代,很多年前来到这里寻求庇护。还有一部分据称是原住民,被当地人称为"奴隶的孩子们"。

我选择了西迪·拉赫森·利乌西村。作这个选择并不难,但如何获准进入却是个战略性难题。尽管我并未成功地获得所有的相关细节,但根据我平时的了解,村子里有一群人反对我进入。他们有两个反对理由,且都与我和阿里的关系有关:第一,任何阿里所主张的事情,结果都会导致对等的具有反作用的对抗反应,他在塞夫鲁的所作所为众所周知,并被认为是丢脸的。第二,村民们从道德上批判这个圣人的后裔,他居然冷落自己的妻子而与妓女相伴,并且加入了爱萨瓦兄弟会。总之很明确,阿里是西迪·拉赫森不欢迎的人。他自己迅速地指出这些攻击他的话是十足的嫉妒、怨恨、暗箭,可能是这样。事实上,我后来发现村里许多男人都很羡慕阿里的舒适生活。

学校的孩子们顽皮而自信。

一位柏柏尔老人。

阿里是第一流的资讯人。他聪明、学习很快、有耐心、肯合作、精力充沛。但我认为单单这些品质并不能解释他何以成功地成为一名资讯人。和其他几个与我共过事的人一样，阿里在他的社会圈里是边缘人。他不是普通的村民，也远非塞夫鲁城中的标准市民，也不和法国人过于卷在一起。这引起了一些重要的结果。

阿里比大多数我所认识的摩洛哥人更注意对自己的社会及个人地位进行反省。他拒绝过乡村生活，并为之付出了代价。他明白这一点，并能够明白地解释为何他会选择这条路。做到这一点并不容易，他曾被迫寻找理由和说辞以解释和正当化自己的行为，为了自己，也为了应对诋毁者。他已经形成了自己在塞夫鲁的生活方式，尽管已经被社区的大部分人所排斥，他会以炫耀自己的自由来反讽社会控制的约束。这使得他成为独特的存在，既不同于许多批评乡村生活和塞夫鲁社会的法国公立中学的学生们（虽然他们的批评很抽象），也不同于一些尽管不满足现状却又顺应于传统约束的村民。总之，阿里拥有更多的自我意识，而不仅仅是防御性的自我辩护，他已经为自己发展出实用的备选策略，虽然不那么稳定。

阿里经过权衡决定追随我：部分原因是好奇且充满冒险，部分原因是他知道有收入的可能性，还有部分原因是，相对来说他对社区之社会控制的免疫力。他曾和其他到过塞夫鲁的人类学家们一起工作过，他知道其中的诀窍，并执著于继续这种合作关系。这有助于解释在我们发生争吵后他迅速重建了我们的合作关系，也有助于解释他为何那么热情地邀我去他的家乡。尽管存在冲突，但他知道他帮我越多，我就越依赖他，我给他的回报也会越多，我也就越发地变成了"他的"人类学家。这类占有式的关系类型在摩洛哥很普遍。如何限定并控制住资讯人的支配趋势是贯穿我整个田野调查的中心问题。

使阿里成为一个好资讯人的条件在其他一些场合下也成了他的负担，这一点在关于是否让我进入西迪·拉赫森的争论中得以凸显。阿里很难为我聚集起一些帮手。在村民眼中，为了我的利益而支持他得不到什么好处。尽管他是圣人后裔，而他的妻子也是，其结果却是他在此有许多敌人，因为他对妻子没有一丝尊重。更糟的是他还不断地嘲笑这些村民们"乡村土包子"的生活方式、他们伪善的道德，以及他们的嫉妒等。因而，似乎是当阿里一到村里宣布说我将在此生活时，迎接他的就是一连串的反对声——任何阿里的朋友都不是他们的朋友。

但是阿里有几张大牌可打。他知道地方长官和副长官已经同意了这个项目，他毫不犹豫地让村民们知道这个消息。由此，他似乎将普遍反对情绪转化成强烈的矛盾情绪，短暂存在的反对前沿断裂了。几个村民清楚地意识到有了这种联盟，无论如何，我迟早都是要进入这个村子的。他们也意识到阿里自己并不会搬回西迪·拉赫森，最起码不用与他相处。如今这种情形充满了冒险因素。但不入虎穴，焉得虎子？

在那段紧张时期，我在苏锡的店附近焦虑地等待着。几个来自那个村子的男人们路过此地，他们会进来打量我一番，随便聊聊，然后又离开。他们正在品评我，但不知道用的什么标准。阿里和苏锡总保持着乐观的样子，对我说着一些空洞的鼓励的话，却拒绝为我提供任何具体情况。

如果当时我完全明了整个动态情形，我不知道自己会作何反应。毫无疑问，起初我会丧失信心，很消极。我怎么能工作在一个不接纳我的村中？我该去其他地方。这种幼稚的反应是反常的。其实,任何地方都会有敌意,包括塞夫鲁。唯一可行的选择只能是放弃这一计划。这是一种充斥着激烈的意志冲突的文化,在这里,个性宣言及反对性宣言构成了社会生活的组织结构,在这里控制被赋予极高价值,冲突每天都在发生——设想所有这些会由于我的突然出现而转变成和谐的相互尊重、理解和公开接受,简直太可笑了。

事实上,我正通过政府关系强行进入该村,这是当时所能采取的唯一办法。知会官员一声是在所难免的,但他们的许可在村民看来却使这一事件变得很危险。如果认为这些村民仅仅从表面价值去判断而接受我的建议,并按文化间相互尊重的原则和蔼地同意,那就太愚蠢了。村民们会问,一个富有的美国人本可以住在塞夫鲁的别墅里,为什么想搬到一个穷村子里,一个人住在泥房子里？为什么是我们？而我们又为何要牵涉进这样一种状态,要同政府一起对这个陌生人负责？对我们有什么好处？风险是非常明显的。

我能给出什么样的答案呢？为了人类学的进步？我的职业？开阔他们的视野？给一些村民少量钱财？他们的认识异常准确,用他们的话说,没有任何理由让我进村。

但是我来摩洛哥,就是要住在村子里。我所能提供的唯一的简短理由,就是我能为社区提供点什么,但人们一眼就看穿了这种欺骗。我无法提高他们的农业产量,我不能为他们治病,也无法为他们提供工作,我不能让雨及时降临。也许我可以教他们英语,当我最终到村子时,有些羞怯地提出此建议,却得到了礼貌而冷谈的回应,很快,大家就忽略了这个建议。

也许在有些情形下人类学家可以直接帮助社区，但我猜想这种情形很少有，我所听到的是那些从未做过田野作业的人才热切地鼓吹"帮助论"。这一主张在人们自身所处的社会中更具正当性，因为在那里，人们的想法、行动和责任感联系得更紧密些。然而，我这几年一直在想这个问题，仍然不清楚当时我能为村子做些什么，而不至于像我们批评国际开发署计划一样，产生公然介入他们的事务中去的错误。如果说人类学家的伦理角色含糊不清的话，那么无论有什么理由，他作为社会改良家的角色本质上更不合格。

在这种情形下，认为人类学家也应是政治活动者的论调似乎更是站不住脚。我是那里唯一的外国人，居住在宪兵队拥有完全管辖权的范围内。下面将看到，我的所有活动都被监视、报告，并被各种派别所歪曲。如果我组织或宣扬反政府活动，传到地方政府部门的速度将是惊人地快。毫无疑问，我将被迫离开这个国度，还有一个很大可能性就是被关入监狱。这在巴黎或伯克利听起来似乎是个引人入胜的冒险传奇，但在摩洛哥却是令人害怕的愚蠢之举。

一旦有人像我一样接受了人类学必须包含参与式观察的定义的话，那么他的行为方式实际上将受这一对矛盾的词汇所指引；它们之间的张力界定了人类学的空间。然而，观察在这一对词汇中居于指导地位，因为它安排着人类学家的行为。无论一个人在参与的方向上走多远，他依然是个局外人和观察者，这点是毋庸置疑的。官员的认可始终笼罩着我，尽管我试图忽视这一点。我的手势是错的，语言也不通，问的问题也很奇怪，糟糕的人际关系，这些问题一直主宰着我的情绪；哪怕是几个月后，一些最突出的差异都已被重复和习惯磨去之后也一样。无论"参与"能推动人类学家在"不把他人当他者"(Not-Otherness)的方向走多远,情景最终仍被"观察"和外在性所决定。在观察与参与这二极的辩证对立中,参与改变着人类学家并指引他走向新的观察,而新观察又改变着他如何参与,但这种辩证的螺旋式上升运动是由起点所掌控的,而这起点是观察。

最终村子里传出话来,我可以搬进去了。那些神圣世系的领导者们改变了他们的想法。我可以进入西迪·拉赫森并将受到他们的保护。我可以租住一间曾被用作谷物储藏间的小屋。

第二个星期,愉快地忙着准备工作,购买必需品,感觉宽慰多了。但我的阿拉伯语很糟糕,而我进入的又是一个充满敌意的环境,这怎么办?"真正"的田野工作就要开始了。尽管前途充满着我所未知的艰辛,但最大的困难已被解决。从这点上看,趋势还是清晰可辨,令人欣慰的。在一个美好的早晨,我把一张床、一些垫子、一张矮桌和一张简单的书桌塞进了一辆借来的旅行车后出发了,心情舒畅而毫无忧虑。

当驶离塞夫鲁时,反差开始彰显。经过新的棚屋式的市郊和公立中学,进入一个开阔的高原,法国人修建的双车道高速公路一侧满是灌木和乱石丛,这是一片牧场,但由于季节性放牧和牧羊,现在明显地荒芜了。这侧靠近塞夫鲁的地方,仅能见到极少的艾特宇斯部落的黑帐篷。高速公路的另一侧,往南几公里,有一片能使人联想起塞斯的机械化农场,是这个地区最初的殖民地。这块土地原先是部落集体拥有的,后来在一次复杂交易中,经由保护领地政府协调,被一些大银行与一群勤劳的小农场主联合收购。那些部落用这块贫瘠的牧场换回了几英里外肥沃的小块土地。他们在这里建起了水坝,清理了场地,种上了树,竖起了井,带来了机器。这块现代化区域的边界给人带来了视觉冲击:灌木和光秃秃的山就出现在它的周边。

越过下一片山岭,来到另一个高原,就能见到起伏的村庄中散布着仙人掌绕成的居住区。现在看到的这块土地似乎更肥沃些。政府工作队正在清理石块,筑造一条长而不规则的红、棕色相间的石头墙。在这块开发地的尾部就是阿扎巴村,它是该地区的小市集和政府邮局所在地。除去学校及政府资助的屠宰店和灌溉设施外,阿扎巴村满是灰尘,毫无生气。人们说那儿的水很糟糕,说那儿很热,那个埋葬于此而名字已被遗忘的圣人并没有巴拉卡。村子则位于高原稍高处无遮掩区域的中部,那儿的水确实有股明显难闻的味道。

走过阿扎巴村后,就开始真正抵达中阿特拉斯山脉的脚下了。上坡更陡,路弯得更厉害,只有在水源旁才可见到村庄,而在两个村子之间则是长长的、贫芜的高原地带,见到的只能是灌木丛,偶尔有棵树。牧群差不多都走光了,非常安静。

从离阿扎巴几公里的高速公路下来,转上了一条等级较差的砾石马路,穿过一片荒芜的土地。上了一个陡坡后,映入眼帘的是另一幅画面。车子可以轻松地在这块舒展开的土地上行驶,人们可以漫行在这块平地上观赏景色。两侧随处可见座落在小山坡上柏柏尔人的聚居地,这些住所建造得如同一座座堡垒。事实上,在摩洛哥历史上占突出地位的部落征战时期,它们就曾被用作堡垒。有句柏柏尔谚语声称,柏柏尔人像真正的男人一样独居,而阿拉伯人则像绵羊一般胆小地群居。乡村的阿拉伯语者反驳说柏柏尔人就像野兽一样地与每个人开战,阿拉伯人则"君子"般地愿与每个人和平共处。

从很远处就可以看到这条路上了山顶然后从视野中消失了。经过一段短暂下坡,绕过一个急转弯,扑面而来的一片绿意着实令人吃惊。西迪·拉赫森·利乌西位于山脉的一处顺着一条长长的狭谷向上的断层线上,水源充足,一道道粗糙的水渠勾画出了山村的农作物区域。根据传说,先知离开阿扎巴后继续前行,直到他到达山中的这块空地,尝了这里甘甜的水后宣布这里就是他驻留的地方。不管怎么说,现在有上万棵橄榄树隐现于山谷中和两侧,环绕着斜坡。

两栋白色石灰建筑就标示出整个村子的样貌:其一是很大的清真寺,另一座,与之毗邻的,很有特色的绿色瓦片覆盖着的是圣人的陵墓。这两栋建筑物之前则是一片已被踩平的空地,空地周边则聚集着房屋和商店,这一开阔地带既是村子的中心,也是每年春秋季举行缪兹的地方。

整个西迪·拉赫森由四个聚集区组成。山谷上方,伸延出去有几公里,是其余三个聚居地。当中最小的一个,座落在山谷上方两公里的山峰上,仅有几个大院。稍大点的那个位置比它低点,第三个聚居地更大,位于一个小高原上,隔着两百码俯视着清真寺、圣陵及村中的主要院落。据传说,每个村落原先分别是圣人的儿子们的家。如今,每个村落在某种程度上说都是神圣世系的中心,但已经不是纯粹意义上的了。无论如何,几乎所有的非圣裔后代都生活在村中最大的群落里。圣墓周边的地方被认为是宗教避难所,在动乱年代,柏柏尔家庭可以躲在这儿。

当我沿着 S 形的斜坡慢慢往下朝着缪兹地走时,一路上我试图避开骨瘦如柴的狗、小鸡以及在车前猛冲的小孩。村子比在上面看到的显得更为破旧，道路两旁的房屋好像是用泥巴和石头随意拼凑涂抹而成的，至少从外观上看，明显需要修理了。随处可见几座由水泥筑成的很壮观的院落，但明显只是少数。路上净是车辙，不时就有驶到路边的危险。

村民们给我的第一印象就是穷困，他们的斗篷脏乎乎的，还有溅上的泥巴，许多人没穿鞋，路的下边有三家商店，也是举办缪兹时的休息地，一群男人就坐在商店前面的泥地上。他们似乎是太专注于聊天，忙着用贫瘠高原上的野灌木编织简陋的篮子，当我们停下时并未见他们有何反应。车子倒是颇受欢迎，不过迎接它的却是德拉里（*drari*）——姑且译作"孩子"——看上去似乎有上百个。这些无所畏惧的小恶魔们围着车子，尖叫着、大喊着、推着，接着又开始翻我的东西，这让他们的长辈很是恼火。实际上，乡民们主要担心的是这些德拉里们会给我或我的物品带来无可弥补的伤害。他们的父亲打着、骂着、喝斥着来威胁他们，也没用。我的新居还堆满了谷物，于是在赶紧收拾的空档，我们还得待在那群德拉里和他们紧张的长辈们中间。最后，我们将一些家具搬进了那间屋子，一些长辈管理者决定要管管那群德拉里们，他们现在正互相攀爬着，透过窗户向里看。棍棒办不了的事，道德强制可以，在被告知他们的所作所为都会被报告给他们的老师之后，这群德拉里一眨眼就不见了，跟变魔术似的。这给我这人类学家留下了印象。

阿里卸下了一只羊，那是他建议我带来作为祭品敬献给圣墓的。他并没有明确这礼物该给谁，而我后来又发现，围绕如何分享这只被宰杀的羊引发了冲突，阿里则瞒着我匆匆离开了。

接下来的两天就像一场梦，我在屋里安置好我的东西，对自己说："一切顺利，今天是星期二，昨天是星期一，天很热，晚饭很好，是的,真的很不错。"和"是的,我喜欢摩洛哥。"并搜肠刮肚地将我能想到的阿拉伯词语一遍一遍地重复。我喝了好几杯薄荷茶,四处走走,开始对村子进行初步考察,还到那些男人玩牌的店里坐了坐。

最初几天的食物真的很好,村中一个最富有的人邀请我一同吃饭。他是一个参加过印度支那战役的老兵,曾是王储的一名司机,由于旧伤发作而突然失明,从法国人那里领取了一笔可观的抚恤金。他公开地表示对我的欢迎,由此显示我受他保护。用新鲜的橄榄油精心制做的食物、新鲜出炉的面包、许多鲜肉、火辣的胡椒、浓郁的咖啡和香甜的茶,都由他那可以俯瞰村庄及农田的院落里提供上来,一切都是那么的浪漫。

第四天,一个戴着墨镜的宪兵和一个来自西迪·拉赫森另一个聚居地的男人来了。摩洛哥的宪兵沿用法国体制,是一支精英警察队伍,他们的管辖权不仅限于城市内。在我的经验中,宪兵们很聪明,受过良好训练,有能力,但通常都不受欢迎。

那宪兵来到我房前敲门,村子里挤满了柏柏尔人,他们每个星期五来西迪·拉赫森的大清真寺共同祈祷,他们成了我们谈话的忠实听众。宪兵不理会我用阿拉伯语跟他打招呼,他用法语回答,他的法语我只能用无可挑剔来形容。他问我是否有居留证,能给他看看吗?我说当然可以,连同驾驶执照一起递给了他。我们出了门走到车子旁,车子停得离我的房子稍远,紧靠那个热情招待我的富有老兵的院落旁边。因为大家觉得如果在这样一个权威人物的保护下的话,那群德拉里就不敢把车推下山坡。面对着一大群观众,我们的交谈很简短,我有点自我保护的意思,并显得有点冷淡,告诉他我已经在塞夫鲁警察局将车子注册过了。他回答说,车没问题,让您费神不好意思。但既然我现在是在农村,那么我就必须在宪兵队再注册一次,并没有什么问题,他们很了解我。实际上我会是那年第一个在他们那儿注册的人。这只是简单的程序而已,非常感谢,找一天……

我和宪兵一直用法语低声交谈着,结果却是当我们在谈话时,上面马路上,另一个宗派的一个男人正在对下面发生的事情作即时翻译,他的版本似乎肯定了我来之前大家的所有疑虑和担心。据我后来探听到,他告诉人们,宪兵很愤怒,因为一个纳兹拉尼,也就是一个基督徒生活在圣人的村庄里,宪兵已经有了一张名单,记满了同我打招呼的人,这些人可能会进监狱。因而,大家不应该跟我搭话。

这达到了他们想要的效果。回到屋子后,我意识到肯定发生了不妙的事。没过多久,一个代表团出现了,由几个我刚与之工作过的人和地区议会中的官方村庄代表带领着。他们告诉我因为政府生气了,所以他们不能与我共事。另外,他们问能否带走我记的笔记。他们很抱歉,但由于政府太强大了,他们对此无能为力。

我很震惊,想要据理力争,告诉他们那个宪兵并未说过此类的话,我确实获得了居住于此的许可证明,政府也同样知道,我们明天应该去找奎德,他会支持我。但他们的反击也同样有力,摩洛哥式的修辞风格,但非常有技巧,他们无法确信我所讲的。他们同意默提——他们的代表——和我一起去塞夫鲁拜访奎德,但在那之前,没人会跟我说话。

那晚除了以前买的沙丁鱼罐头和一些速溶咖啡外,我没有任何其他食物。我整晚都在听巴黎的“流行俱乐部”节目。这次经历对我的冲击是如此之大,我甚至感觉不到任何伤心。不同的利害关系——显露出来时,情势也清晰起来,这一次就是这样的感觉。宪兵对村民们说过什么,我一无所知,如果流言还有一丝真实的话(但我却想象不出怎么会是真的),那么,村民们的退缩是理所当然的。一些非常奇怪的事情正在发生,也许这是有关我进入村子的那场争论的余波所致。如果真是这样,那么,我就有必要进行反击。在摩洛哥派系斗争很正常,哪儿有敌人,哪儿就有着潜在的同盟者。我必须戳穿谣言及它的源头,否则我在西迪·拉赫森的生活就得结束。

第二天一早我们开车去了塞夫鲁,那个奎德以异常隆重的仪式迎接我们。我用法语告诉他,似乎有个宪兵跑到村子里警告村民不要与我交谈。我不知为什么会发生这种事,而村民们则觉得不安,不知他能否与默提打个招呼,并向他说明发生了什么事。奎德在询问完默提后,带着疑惑的表情,拿起电话把那个宪兵叫了进来。宪兵来了,跟我们打过招呼后,聆听着。当他听完整个故事后,一副受委屈的样子,他的尊严受到伤害了。他并没有说过此类的话,正如他告诉我的,他来仅是为了检查我的证件而已,其余的事都不是他干的。奎德谢过他之后让他走了。

这个奎德是一个说话轻柔、情绪平和的男人——我想再补充一点,原因之一是,人们既不敬畏他也不害怕他——清楚地告诉我们,一切都井然有序。政府给了我许可证明,与我一起工作不会有任何问题,无论那个造谣者是谁都将遭到严惩。默提似乎相信了。奎德还礼貌地问了我几个有关伊本·哈东(Ibn Khaldun)的历史哲学的问题,我告诉了他,接着我们就离开了那里。在回来的路上我才意识到自己是多么疲惫。第一回合我取得了胜利,但前方明显还有更多的困难在等着我。既然现在政府的支持是明摆着的,我就想对之前那件事探明究竟。

　　那个做即时报道的男人是上面一个聚居区中一个宗派的领导人。他似乎认定我是一个潜在的价值源泉,我要不就得与他共事,处于他的影响之下,要不就别想在那儿工作。根据他的想法,他的战术将使每个人都远离我,然后他就可以慷慨大方地给我提供住处,并在他的社区招待我。几个月后,他确实为我提供了这些。不过那时,我已经牢牢地且富有成效地把自己安置在一个我不想破坏的关系网中,我本来会很高兴让他做我的资讯人。我开始了与他初步的访谈及喝茶式的拜访,但这些都被那些正与我合作的人给暗中破坏了。我属于他们,他们不允许其他任何人的侵入。

　　我完成了初步进入,现在面临的问题是如何将"我是谁"和"我将在村中做什么"传达给他们。我在这儿的目的对大多数村民而言仍旧是模糊的,即使是那些跟我相处好长时间的人也是如此。我告诉村民们我是个塔利布(*taleb*)——学习历史和社会科学的学生——这是阿拉伯的传统概念,因此不存在翻译困难。我说我所在的大学派我来研究该村的历史,而后汇报上去。我将可能就此写本书。我已经准备了一些例子作为证据。然后,如果天从人愿,我也将会成为一名大学教授。这些说辞对于村民们来说是可以理解并能接受的。然而,塔利布这个词,在阿拉伯语中带有一定的宗教含义,而我又不是一个穆斯林,这引起了一些困惑。

　　尽管存在着许多使摩洛哥人的社会生活散成碎片的分歧,但依然存在着一种我从未发现有人对之犹豫和否认过的文化信念:即这个世界被分成了穆斯林和非穆斯林,伊斯兰教也确实为"信奉《可兰经》的人民"提供了一种媒介范畴——基督徒和犹太人。他们也接受过神圣启示,但不完全。穆罕默德是预言家之王,因为他的神示融合了基督教与犹太教的启示并将之完善。那些人有权在伊斯兰教义下实践他们自己的信仰，只要他们承认自己居于低等角色位置，缴纳特别税费，担当各种象征性的和实际的负担。这种安排尽管有些负担，但也相对可行，这已经由摩洛哥几千年来穆斯林与犹太人间的关系所证明。

但是，这种做法只有在穆斯林明显占据统治地位时才是可行的。我的宗教信仰丝毫引不起他们的兴趣，他们从未就我是一名基督徒的事询问过我。毕竟，他们掌握着真理，但是，他们把我当成了传教士，这引起了一种普遍性的恐慌，搞得大家很不舒服。这种情绪持续到我离开，甚至到最后一天仍是如此。那会儿，应该很明显我并未曾干扰、贬低或者试图改变某人的宗教信仰。然而，仍然可以听到一群德拉里在喊"密斯系"（即传教士），虽然令人厌烦，但这种执著的认同却很有意义。

这里潜藏着对基督教的恐惧，村民们知道现在基督教的地盘要比伊斯兰教国家强大得多。这导致了一种无法消退的焦虑感，即认为这种政治和军事力量将转化为宗教控制，而后者毕竟是村民眼中最重要的生活领域。

这似乎是唯一可以解释一个年轻富有的美国人（我）为何会离开生活舒适的家而与他们共同生活。我一定在追寻什么至关重要的东西，而颠覆他们的宗教就是他们能想得到值得如此牺牲的少数几件事之一。我现在明白了，我并未努力干预宗教事务并不重要。持续表达单纯而高贵的意图是一种修辞艺术，摩洛哥人已将之提升到了文化展示的水平，他们从未从表面价值上接受我那种单纯的表白。我在逗留期间尽可能地抚平这种恐惧感。我反复强调我的兴趣是历史的和社会的方面，但我怀疑自己是否有说服力，只能说是达成了某种暂时妥协。他们的焦虑从未完全消失，但大部分时候我能够控制住它们。

在一个小山村，寻找、培养及更换资讯人是人类学家面临的最棘手的问题，他不可能扮演中立的角色。哪怕是在进入村子之前他就可能陷入了当地的政治和社会之中。以我为例，一开始我就与乡村圣人的后裔们在政治上联结在一起。他们是村中最主要的群体，而且他们的角色于我的研究至关重要，我当然非常高兴地接受了这种联合，起码一开始是如此。然而，不久就表明，他们自己的联合也是四分五裂。

正如我们所见到的，组成西迪·拉赫森的四个分支与四个世系并不紧密地相对应，这几个世系都将他们的祖先追溯到圣人的儿子们。这一谱系（正如人类学家所指出的）在很大程度上是虚构的，因此并非村中团体活动的真正中心。例如，在我生活的那个主要聚居区中，大部分圣人的后裔们属于一个世系（将他们的血统追溯到同一个儿子）。然而，在社会关系上，他们又分成了三个主要的支系，每个支系约有 75 到 100 人，都有自己的始祖，即生活在世纪之交的三兄弟。他们都是圣人后裔，他们都是家族兄弟，而且他们共享着一种松散的家族联系。除此以外，他们就存在着严重的社会分歧，其中一个支系，即阿里所归属的，以持续的争吵，反对它的成员住在村中的同一区域，以及他们在经济上、社会上及个人之间普遍不合作而闻名。第二个支系有着很高内部通婚率，聚居在一套连在一起的院落内，它的成员们共享着相当数量的经济资源，并维持着村中所保留的宗教威望。第三个团体各个方面似乎都介于前二者之间。不同团体及特定个体之间都存在着相当程度的对立和竞争。因此，从居住在塞夫鲁的人们的角度来看，圣人的后裔们是一个整体，而在西迪·拉赫森，情况则远非如此，仅在很少且特殊的场合下他们才会表现出统一性。

最初与我共事或者说是想与我共事的几个人，都来自阿里那好争吵的支系。有阿里本人，还有中士拉拉维（人们都这样称呼他），即那个在最初几天给予我热情招待的富有的法国军队的退伍士兵。虽然他作为村中最有钱的人是个重要角色，但很明显，我无法与他做一些有计划有步骤的事情。他总是很忙，专注于扩张他的农业用地，并且他也像摩洛哥其他的"大人物"一样，喜欢问问题而并非回答问题。他是个盟友，但哪怕是在研究的主题选定方面，也似乎没法跟他合作。我受他的招唤和命令，而不是相反，他经常在晚上来到我的房间，讲故事或听收音机，我对摩洛哥人生活的顿悟很多都是导源于我与他共度的几个小时，这也是对我与资讯人的结构性工作的补充。未能在相互交往中占据主导位置也有它的好处，不受控制的访谈反而丰富了田野作业。

我的房东也来自阿里的支系。他不仅是阿里的主要诋毁者，还参与了与那个中士的长期争论。他是个虔诚而又爱发牢骚的老男人，我们之间从未有过实质性的接触。然而他儿子却恰恰相反——热情、礼貌且友好，与他交往总是令人放松且感觉很值得。他在非斯的卡拉维因（Karawiyin）大学学习，专攻阿拉伯语。幸运的是，他几乎不懂法语。他一开始就礼貌而坚定地拒绝给我做任何长期工作。这真令人失望，因为他真的是一位很有希望的资讯人。尽管他已一只脚踏出了村子，并且清晰地渴求过另一种生活，但他对他的家人依然忠心且尊敬，这也是村中的一项传统。

我在西迪·拉赫森的第一个资讯人是阿里的堂弟——麦基，他是个20岁的兼职羊倌和商店售货员。虽说很明显他缺乏才智，但最初这似乎并不那么重要。他有空闲时间，看起来热衷于做这件事。而在初始阶段，似乎有非常多的最基本和非概念性的任务要完成，这些又似乎是任何人都能胜任的。但事实证明并非如此。一个优秀资讯人的一项必不可少的品质就是能将哪怕是最简单的（对他而言）及最明显的事情用各种方法解释清楚。我的那些富有成效的资讯人从一开始就表现出了这一点。不仅仅是耐心（虽然这点很重要），或者智力（这也有所帮助），而是将自身文化客观地介绍给外来者的富有想象力的能力，从而使他们可以用一系列的办法来表述它。麦基并不具备该项能力。这于他本身而言并非什么性格缺陷，但它很快导致了困境的产生。我必须尽可能体面地结束这一合作关系，因为这无益于我的工作。

对我来说，幸运的是一件意外之事让我逃脱了潜在的尴尬场面：麦基听闻可以到山上和一群人一起放牧，就决定出发去那儿碰碰运气。后来我被告知虽然村民们喜欢麦基，但他们也认为他是个蠢货，我猜想闲坐在商店附近的人们一定觉得很好笑，新来的人类学家居然会和村子里的白痴一起工作。

我遇到的第二个资讯人是个迥然不同的年轻人。他的父亲是一个相对富裕的商店老板，那个老板是村中反对力量的一个松散分支机构的领导者。这一机构并未形成一个真正核心，由来自村中一些无亲戚关系的家庭的男人组成。一个非圣裔的大团体，叫做"奴隶之子"，仅仅是靠一些虚构的、微弱的家谱关系联结，他们之间的大部分关系都已被忘却，他们既不是族内通婚也无文化上的联合。这个商店老板自己并非出自这个团体，大约四十年前侵略部族将其房屋焚毁之后，他的父亲才搬到此地。他买了土地并传给了他的儿子，因为善于经营，如今他在村中已算是小康之家。

这个父亲非常憎恨那些圣人后裔们,攻击他们自命不凡、专横伪善,试图以此为自己组建权力基础。虽然这种攻击在该地区引起了极大反响,然而他并未能将之转化成任何有意义的活动。但他一直在努力。

他的儿子拉什德令人难以置信地敏捷、聪明、敏感,装着关于几乎村中每个人的流言和诽谤。在大约一个星期之后他来到我房间提议我们一起走走,他已听闻我试图让麦基画一张村子的地图,并说他可以帮我完成。

那晚,当我们围坐着准备晚餐时,阿里的另一个我正与之共事的堂弟神密地向我强调说我不该与拉什德发生任何联系,他是只危险的野兽。他拒绝详细说明原因,这似乎是单纯的嫉妒或者是想让我保持在与圣裔支系合作的范围内的政治努力。我告诉他我必须与其他人合作,但毫无疑问我将留心他的警告,那人有点愠怒地接受了这种说法,但再次强调说他已警告过我了。

我和拉什德第二天清早就离开了村子,到了大约离村子有一英里远的田野,他父亲手下的佃户正在耕地。快速步行令人兴奋,恰是由于没有了直白的恭维,这种热心的关切也是令人愉快的变化。他倾听着我正逐步提高的阿拉伯语,帮我改用一些措词。最令人兴奋的是,他提出我们可以共同探究一些大的领域。随着我们想象的计划越来越详细和宏伟,拉什德也变得更加生气勃勃,我则精神高昂。我们一开始要画一张图,然后是灌溉系统、田地所有权、亲族关系、政治事务及其他。他明显赢得了我的信任,这也激励了他。他接着开始连篇累牍地告诉我——这是潜在的资讯人毫无例外地都会复述给我听的内容——“村子里其余每个人都是骗子,会欺骗你,只有我会告诉你真相,他们会诋毁我,但你很幸运地找到了我,因为我会把你从那些无赖和野兽中救出来,他们只会想方设法地偷你的钱。"

一次美好的围绕边远田地的散步花了我们大半天的功夫。梯田在荒凉的杂石山区和密集的灌溉点间交替着。只要有水的地方,就长满了橄榄树、无花果树、石榴树和杏树,小麦、大麦、水稻和满园的各种蔬菜也应季节地长势喜人。相形之下,几码远之外的灌木丛和岩石块则证明着水的重要性,从田野到田野和从山一侧到另一侧的迅速转换,景色丰富,就像摩洛哥人的情感强度。山上的土地毫无规则,山的一边可能有良好的排水系统,另一边则很差。一段斜坡会因有灌溉系统覆盖而绿油油,而与之相邻的土地则可能会是荒芜的。从地面上看,任何地方一眼望去,都不存在连续一致的景致。所有土地都是小块的,农民在山谷的不同地方保有小块土地。他们在不同的地方栽种不同的谷物以应付无法预测的天气情况。因而在山谷的任何特定区域,相邻的土地都会有对比鲜明的景致。

拉什德引导着我在田地与山上走进走出,穿来穿去,述说着他对每块土地确信而又随意的地方性知识,他用简单而明了的阿拉伯语讲述着,缓慢而又清晰。拉什德整天都调皮地笑着,这种略带嘲弄的表情又因为他的自得其乐和对他人意见的蔑视而更溢于言表。他极为自信且似乎守卫着一个令他非常高兴的秘密。几次他都提醒我说回去之后人们就会诋毁他。

他的预测再次被证明是完全正确的。我们继续共事了几个星期,画地图、去田间转转等。但人们对他的抵制情绪持续升温,但对他品性的道德攻击从未给我留下什么印象。据说他曾辍学,与父亲打架,是个麻烦制造者和恶棍,也许还是个小偷,总之有着很坏的影响。事后回顾起来,所有这些及更多的指控基本是正确的;但出于相同的原因,他是名优秀的资讯人。他游离于社区控制的边缘,他的父亲有次不得不叫来宪兵殴打他。他会用人类学家希望的方式讲述事情及谈论人们——非常直接,他非常高兴告诉我几乎所有我想知道的事情。

同我一起在社区那些具有更高身份的人面前炫耀,明知道会惹恼他们,他自己反而更快乐。拉什德与我第一个资讯人麦基是相对的两极。在摩洛哥,青春期后期是个困难时期,麦基痛苦地预计到他想结婚还得等很多年:他家很穷,无法负担新娘的彩礼。但是与麦基只看到眼前的困难、艰苦而恼怒不同的是,拉什德则执著于青春的冒险与快乐,保有着德拉里的反叛性精神。极少有村民能掌控他,他除去父亲的差使外几乎不工作,因为他在那些男人们玩牌所在的商店周围闲逛,所以他也知道几乎村中所有的流言。他陶醉在旁人看来是臭名昭著的行为中——与人类学家共事。他自己并未失去什么。

不幸的是,对他的政治方面的攻击被证明是具有决定性的。因为他父亲的行为,当我开始与拉什德工作时,圣人后裔们非常激动。过了一段时间我才意识到这点,因为他们非常不愿谈论他们的仇恨。他们不愿谈论政治方面的划分,结果,他们的道德谩骂则火上浇油。当我意识到他们情感的深度,与拉什德相处就变得更加小心和谨慎。

决定性的一击来自拉什德的父亲,他自己想与我共事,也就是说,他想让我加入他的阵营。他也害怕拉什德会泄露太多的尴尬性细节,于是他也加入他的敌人一方,坚持说拉什德只是个孩子,并非这项重要任务的合适人选。问题便归结到我是选择拉什德还是选择其他所有的人。几天后拉什德出于某种可疑的安排或其他原因被引诱去了摩洛哥南部，他去了好几个月，这使得一切都迎刃而解了。

第五章　可观的信息

　　我在西迪·拉赫森期间，阿卜杜拉·马里克·本·拉赫森最终成了我的主要资讯人和最亲近的助手。当我们相遇时，他还认为自己是一个年轻人，说他的年纪不是 30 就是 32 岁。几年前他的父亲过世后，马里克就成了家中的主事人，他得照顾两个未婚的弟弟和他的母亲。他的一个弟弟在附近一个政府农业站里工作挣钱，最小的弟弟种田并看管牲畜。

　　马里克是家里的智囊，他干脑力活而其他人干体力活。对他而言这是非常公平的安排，因为他已经向自己和兄弟们证明了自己的高智商。保护家庭的利益是需要动脑筋的。例如，有一个贪婪的叔叔，总是在图谋把他们的土地弄到手。他告诉我，还有许多其他的任务等着他，只不过还没有冒出来。尽管这些大概都是费时的工作，他还是有充足的时间与人类学家共事。

　　马里克很小就显露出智力上的天赋。他在当地的古兰经学校表现优异，甚至毕业后也一直坚持背诵《古兰经》。他也摆出一副自以为是和学识渊博的样子，给人的印象是，这种姿态或许在一个世纪以前可能会有更切实的回报。在十多岁时，他待在村里无所事事，种点田——在那些年里他开始非常讨厌体力劳动——同时在清真寺里继续学习。二十岁左右，他搬到邻近的一个柏柏尔定居点，当了一名法奇（fqi），也就是宗教老师。他的职责包括为德拉里教授《古兰经》并召唤礼拜者。约六个月以后,他换到一个更大的村子里接受一个声望稍微高一点的职位,但他在那儿也没有待很长时间。马里克喜欢自己是一个法奇,那是一个从事精神追求的男人。但作为现实的职业则是另一码事。对着一屋子顽劣的德拉里无休止地、令人厌烦地重复着《古兰经》,极低的工资和零星的报酬(法奇基本上是靠社区的资助生活),以及必须在黎明时起床召唤第一次礼拜,这些压根儿不是他的爱好。一年之后他放弃了他的职业,但在村子里的名头仍然是法奇,人们一半真心,一半取笑地这样称呼他。

在他的父亲还活着的时候,他回到村子里,重新干一些有限的农业杂活,大量的时间都花在清真寺里,因此为自己取得了塔利布之名,这个词是指那些经常到清真寺里诵《古兰经》的村民。

马里克是一个敏感且体质较弱的人。他说他离开法奇这个职位的理由之一是他经常流鼻血,这使得他虚弱无力。在一次流鼻血的事发生之后,我带他去看一个法国医生;医生说他有点贫血,但除此以外他的身体看来没有任何毛病。在摩洛哥文化里,体质脆弱、疲软和纤弱是被瞧不起的,因此马里克表现出很坚强的样子。

他经常担心疾病和死亡。他的几个孩子,包括他唯一的和最疼爱的儿子已经死了,给他留下很深的精神创伤。他认为自己是一个有精神追求的人,这种自我认知与极大的自怜能力和虚弱的体质相结合,产生出一种敏感的和自卫的性格。马里克通常都闷闷不乐,一幅担心和焦虑的样子,他的笑话和友好时常看似勉强。不过,他聪明、耐心、有决断力。

他要避免体力劳动的坚定决心是他来找我的一个主要原因。我后来发现,在马里克表态之前,他已经到过塞夫鲁好几趟,在苏锡的商店里观察我。除了田地以外,村里的其他收入来源非常少,他不得不充分利用任何出现的机会,比如为柏柏尔部落成员写信,或者主持一个割礼仪式。于是和我共事的可能性就成了他必须认真考虑的问题。毕竟,这是"脑力"工作,有稳定的收入,并且产生一种声誉与恶名混合的结果。尽管我们从未讨论过这个,但我怀疑我不是一个穆斯林的事实让他对于如何处理他和我的关系相当头疼和犹豫。我不认为他一开始就有力地支持我进入村庄,但当我看起来即将被"正式"接纳时,他采取了行动。他到塞夫鲁来找我。那天我出城了,所以他等了一整夜,并于第二天早上在苏锡的商店找到我。他板着脸坐着,说话前先凝视着空地。然后他突然宣布他将和我一起工作,接着说他非常聪明、诚实、不贪婪,完全值得信赖,对这个机会有优先权。此时,我仍不清楚是否会进入村子里去,所以我谢谢他并说我会加以考虑。他就离开了。

直到我抵达西迪·拉赫森,我才再次见到他。他帮我卸下行李。但只要阿里在我周围,他就和我们保持距离。只过了两天,他就来说他已经准备好立即开始工作了。我们应该用法语和阿拉伯语起草一份合同,每个人各拿一份。工资是一个时间段五个德克(*dirhems*,约等于一美元或农场一天的工资),时间段长短可以调整。对我们来说最好是先订一个月的合同。这样,如果我们中的任何一个想解除协议,我们之间就没有瓜葛,一切回到从前。如果我们同意继续,我们就写另一份合同。这段话是用正式的语气说的,马里克为这个场合穿上了他最好的衣服。尽管我不能准确地理解他的话,但我了解其大意。我当然同意了,我们接着就起草了合同。

那个下午我们开始有关亲属制度的工作。他很耐心,说话慢而且清楚,以确定我能够跟上。他估计了多长时间能够完成家谱,并说他将与其他家族开始必要的政治交易,即西亚萨(*siyasa*);他希望和我的重要工作有关的一切都正确。

宪兵来登记我的汽车这个意外发生时,马里克吓坏了。他请我烧掉我们所做的笔记。我把它们交给他,并让他保存着,直到这件荒唐的事过去。他同意了,补充说在一切都澄清之前他不能和我一起工作。当我们从奎德的办公室探访回来，马里克焦急而认真地盘问那个代表所有的谈话细节。等他似乎满意了，他转向我并宣布那个下午我们可以重新开始工作。

尽管在随后的几个月里我们有一些小的争吵和麻烦，马里克还算是和我工作过的人中最勤奋和最有条理的。他成了我在西迪·拉赫森的主要资讯人，在许许多多个小时的一起工作中，我们涉及了所有基本的民族志领域。我对亲属制度、水利、土地所有制、社会结构和宗教的正式方面的大量基本理解都源于这几个月的工作。马里克缺少其他摩洛哥人的鉴别力，但他那不厌其烦的坚持和极有规律的工作习惯足以弥补。他作为一个根基稳固的、受尊敬的村民的社会地位，的确有助于使我在村里的出现合法化。中士也支持我与马里克合作。他们过去曾有过一系列契约关系，执行得很顺利。他公开地认可我和马里克共事。有了他做后盾，我就安全了。我被村里人接纳的证据是人们开始对我提出了要求。

首先接受考验的是我的车。我讨厌汽车。在美国我从未拥有过一辆车，甚至在我到摩洛哥之前都没有驾照。我在那里买车是因为这看来有必要。汽车可以为我考察可能的田野地点提供方便，也可以作为一种心理上的逃生窗口；在一个与世隔绝的山区小村生活的前景使我有些担忧，我想如果我生病或者需要紧急离开，汽车应该是必要的。这其实是错误的理由，因为如果我断了胳膊或者得了阑尾炎，我根本无法开车。汽车确实给了我一些愉快的时刻：行驶在中阿特拉斯山脉中无人的高速公路上，自个儿哼着小曲，这是非常好的放松。然而，一旦我真地在村子里安顿下来，汽车就更多地是一种烦恼而不是一种方便了。我在那里待了几个星期之后，我的幽闭恐怖症消散了，对汽车所作的心理上的合理解释也褪色了。

当有人开始要求搭车到塞夫鲁时，我让马里克宣布，我将一个星期到塞夫鲁一次，可以根据先到先得的原则带四个人一起去。

我对马里克补充说,如果有紧急情况,我也愿意送人到医院去。他一本正经地点头,并同意由他去告诉其他人。这太蠢了。我不断地被成堆的要求所困扰。

*　*　*

我在村里的第一个月忙得晕头转向。我收集数据,尽可能快地记录下来。村子的社会和政治结构的轮廓轻而易举地从材料本身浮现出来。土地所有模式和系谱也跃然纸上。我觉得不需要浪费时间在解释上,就埋头前进。这是令人全神贯注、摆脱焦虑的工作,因为任务是明确的,进步是可以看得见的。马里克工作勤奋,始终如一。既然我现在属于他,遇到特定的问题,他就安排一些其他村民和我一起工作。

马里克和我从系谱开始我们的工作,因为这是一项词汇用得最少的工作。"某某人,某某人的父亲,和某某人结婚",用这样的公式可以进行好几个小时。这是一个图表的和系统的方法,可以熟悉村里的群体和他们之间的正式关系。起初,马里克极为认真,就像个法奇。他会宣布"我们现在开始工作",将正巧在房间里的人赶出去,并拘谨地坐在我的桌子边上。我们按严格的顺序从一个群体到另一个群体进行。后来,他开始放松了。他会对我们涉及的个人发表自己的评论,通常是很讽刺的。随着信任的发展,他也会对女人发表一些诙谐的评论:这个有大屁股,那个令人讨厌。这项工作,以及更详细地列出土地所有者和橄榄树的主人,完全是机械的。我可以用从夹板上被撕下来以打印下一步工作的不断增高的纸片来衡量我的进度。这给了我直接的满足:我的日子终于被自己的工作填满,具体的方向开始出现,我可以看见第二天仍需要找人回答的具体问题是什么。

我向神圣家族的成员敬酒。

　　村里另一个流行的话题是我的离去。经常老调重弹的是我会忘掉他们,也不会写信。这直接导致了对谁将得到我的家具的讨论。这一切是如此公开和正式,我的第一感觉是公然受到了侮辱,但随后,我就觉得很有意思。他们当然对我的情况的暂时性没有错觉。这种直接的、物质层面的交换是我正在被接纳的强烈信号。在摩洛哥,物质的动力从来不是不光彩的。只有当它们缺失时,猜疑才会产生。

　　马里克和我发展着和睦的友好关系。我们已经重新协商了最初的合同——又是在他的鼓动下——现在改为我们每天一起正式工作半天时间。然而,我们的关系仍然更多的是契约关系而非友谊,不是我和阿里之间的那种自由轻松的、相对随意的互动。和马里克的交往更为严肃,而这种关系状态是由他导向的。我们花时间为第二天做计划,重新核对各种各样的观点,讨论如何继续,估计涉及各种话题所需要的时间。我们的玩笑是有所戒备的,不是摩洛哥人所擅长的那种"夸张"和相互诋毁的那种感情更强烈、更个性化的幽默。很长一段时间,我都没有被邀请到马里克家里吃饭。在我居住的整段时间里,我只和他吃过三次饭。

　　这对我来说还好。我开始专心致志地工作,也对马里克的工作很满意,包括我们收集的信息,以及间接地,他应付其他村民的方式,即与他们中的大部分保持一点距离,但又没有完全将我占为己有,因此我是独立的。我定期地见其他人,几乎每个晚上中士或我的邻居们都会来喝茶、聊天,听收音机(中士听所有电台广播的阿拉伯语节目,美国的、英国的、法国的、俄罗斯的、利比亚的、阿尔及利亚的、摩洛哥的、中国的,认真地从一个台调到下一个台)。事情进展顺利。以建立田野工作状态为中心的复杂问题现在已经被解决了。当我让自己涉入这种外部工作时，产生焦虑的自我反思的压力暂时缓解了。

大约一个月后，我和村民们的关系有所变化。随着我作为最初的陌生人的形象渐渐消退，人们看来更加接纳我了。这与调查进度的首次放慢相一致。我们完成了对土地所有权的调查和对系谱的初步勾勒；当然，还有很多事要做，但轮廓已经在那儿了。对我来说，我们如此辛苦汇编成的那些清单正在变得鲜活起来。

几周以来让每个人都筋疲力尽的橄榄收获结束后，对我的要求再次纷涌而至。由于比较没有什么明显迫切的任务需要完成，并且感觉需要和另一些村民一起工作，我接受了更多的这种要求。这是一个错误；它再次打开了我以为已经关上的要求的闸门。现在我们彼此了解多一些了，界限以更加微妙的方式再次受到了考验，以看看它们到底有多牢固。

我没有注意到，马里克正在变得更加紧张和急躁。我猜想，他愈加清楚，既然我们已经论及了最基本的领域，其他更加敏感的主题也不再可能被轻易绕过。他也感觉到他对我的控制正在削弱。尽管我和他在一起很是愉快，但我仍然坚持与其他村民一起工作。

我被那些伪装得令人信服的要求所迫使，连续两天开车到塞夫鲁。我厌烦被当作出租车司机使唤，觉得有必要回到工作上。我很暴躁，开始觉得又有了受挫感，这是我到村子以后的第一回。我开始意识到，这种不费力的互动简直是太好了，不会一直这样下去的。第三天，我打算要开始有关圣人传说的工作。马里克早上来了，表现得很犹豫。终于，他大胆地但防备性地宣称，我必须开车送他到他妻子娘家的村子去，大约三十公里远。他跟妻子有些麻烦（他拒绝谈论），想要送礼物给她的亲戚们。他说这件事至关重要,无论如何不能拒绝他。他已经为此计划好几天了,但观察到我对担任出租车司机的不满,他犹豫是否要提出这个要求。

我稍稍掩饰了一下自己的不悦,和他喝了点咖啡,就出发了。我们开车到了那个村子,逛了一会儿,吃了午饭,就启程返回了。好的,我说,我们回去工作吧,不再开车了。他表示同意。当我们来到村子中心的平地时,他的两个堂兄弟正在等我们。我熄火时,他们和马里克聚在一起。当我正离开汽车时,他过来对我说,他们中的某人的妻子病得厉害,我们得带她去看医生。我大笑并回答得非常干脆,不行。"我到这儿之前你们是怎么做的?不管怎样,现在就那样去做吧,因为我不准备到任何地方去了。"他们有些困窘和惊愕。实际上,这个支系的男人们以前向我提的要求一直都比较适度,我知道他们不会没有必要地坚持——这只会增加我的怒气。但这次真的是紧急情况。因此我同意了,每个人看来都松了口气。他们很快地去召集他们的妇女,而马里克和我在车上等着。他们带来一个年轻的女人,她显然病得很严重。我不善于处理病人,我对自己的驾驶也没有把握,我完全累坏了。到塞夫鲁的一路上,她呻吟着救命;但我们什么也不能提供。我们将她带到一个医生那里,他看了她一眼就让我们带她到非斯的医院去,那是另一个三十公里远的地方。我们出发了,在非斯的医院里我们忙活了一个小时才让医院接受她住进去。一个星期后她死在了那里。

当我们回到车里并启程返回西迪·拉赫森时已近黄昏。我沉默不语,闷闷不乐。我为那个女人感到不安,并且由于整天的奔波精疲力尽。大家没怎么说话。终于我们回到了村子。我向惴惴不安的马里克保证一切都好,不用担心,我只是想一个人待着。我朝着远处的田野方向走去,马里克跟在后面。摩洛哥人从来不能真正理解为什么一个人想要独自散步。我想起我和阿里在婚礼上的情景;我已经到了我忍耐的极限,再也无法保持好脸色了。马里克一再地忍着,我也是,直到最后,我转向他,缓慢地、坚定地、用力地说,我不是生他的气,我累了,想一个人静静。明天我会再见他的。他的脸上出现沮丧和受伤的表情。他说,"*wash sekren?*"——你喝醉了吗?

我晕,无话可说。从那天的早上八点开始我们就一直在一起。我知道他说的是其他意思,他自己也十分心烦意乱,但我完全处在我的情绪忍耐力的边缘。他那令人光火的荒谬猜测将我推进更深的抑郁之中,也让我怀疑我们之间是否曾经有过任何有效的沟通和理解。我一定是在欺骗自己;我们之间的鸿沟永远不能填平。我觉得自己站在深渊边上,并且头晕目眩地栽下去。马里克,以他自己的方式,似乎也认识到了某种决裂。我们沿着蜿蜒的小路返回;他送我到我的住处,温和地说"*lila sa'ida*"——晚安。

这件事之后,我以极大的困难和持久的低落情绪试图判断所谓的紧急事件是否属实。每当中士想到塞夫鲁去,我都乐意带他——包括回报他的好意,也因为实际上当他在的时候,没人胆敢要求坐车。正如他乐于告诉你或他们的那样,他对摩洛哥人没有好感。

除非对有关汽车的问题作一重大决定,否则我根本就不能做任何田野工作,这很快就变得一目了然。在村里的第二周,我跑了塞夫鲁四趟。在第四趟之后,我认真地考虑是否将车留在城里。我应该这样做的。当我回到村里时,有一个老人在我那只有一个房间的屋子门口等我。他说他的妻子病得厉害,必须到医院去。

我说我很难过,但我刚从塞夫鲁回来。他坚持,毫不气馁,用那样悲痛和诚恳的语气,我开始怀疑是否真有紧急情况。我服输了,同意了他。他离开,回来时他的老伴蹒跚地跟在他后面。他们不停地感谢我。我们到达塞夫鲁,我在医院前面停下来。不,他们说,在街前面一点,市场那里。但你不是说你快死了吗?是的,她说,但我有些东西要买。

我让他们下车,然后返回村里,我意识到事情就是这样了。从此以后,我坚决拒绝一切要求。我的怒气在几个场合公开地表达出来;早晨六点钟持续敲门的人是我合适的泄怒对象。我靠性格的力量而不是争论度过每一天。要求减少了。几个月以后,一个摩洛哥当车库老板的朋友调整了发动机之后,汽车爆炸了。

我终于摆脱了这倒霉的东西。翻越起伏的群山,穿过一条浅浅的小河,来到最近的高速公路和加油站,六英里的徒步行走给了我在摩洛哥最愉快和最放松的几个小时。汽车的消失也给马里克减轻了很大压力,看来每有一个敲我门的大胆村民,就会有十个人去与他交涉。他的生活肯定糟透了。

*　　*　　*

对我们俩来说,这一真正相互认识的发泄时刻正在冷却下来,也促使我们彼此盘点与对方的交往。我们的工作慢下来而且变得比较没有规律。在接下来的几个星期里,当我们开始深入调查一系列家庭经济时,这个问题被突显出来。到目前为止,我已经对村子里社会经济差异的范围有了还算不错的抽象观念,我想知道拥有土地、收入和财产上的不同在村里家庭的日常生活中意味着什么。

　　我们首先和中士一道工作,他是村里最富裕的人,我们发现调查意外地容易。他对他所拥有的财产感到骄傲,并坦陈了他未来的扩张计划;这次他是接近于资讯人的角色。在和其他村民工作时,我很快发现即使最贫穷的家庭也非常愿意谈论和哀叹他们的经济状况。在摩洛哥,贫穷并不像在美国那样带来耻辱,那只是表示当前缺少物质财富而已。尽管遗憾,但它并不反映一个人的性格缺陷。它只意味着出于某些常人所无法理解的原因,真主没有对他微笑,但情况将很快有所改变。

　　马里克既不富也不穷,看起来代表一种"中等"状态,我打算研究他的财产。他犹豫了一下后同意了。他曾经向我和其他人描述说自己是一个相对贫困但精神上富有的人。当我们开始列出他的财产的详细清单时,他变得敏感和警惕。随着他所拥有的各种各样的小块土地、绵羊、山羊和橄榄树的列出,显然,他一点也不像他自己原来描述的那样穷。用村里的标准来衡量,他是相当富有的。

　　这让他感到困惑和烦忧。他认为自己遇到了一生中的一个艰难时刻。这是比耍花招从人类学者那里骗取钱财和同情更严重的事;这的确是他的身份的组成部分。因此,当他看见他面前的纸上所呈现的事实,他惊慌失措。他已经内在化为一个特定的人物角色,尽管最近几年他的财富在增加——他接受了父亲的遗产,有两个兄弟为他工作——但他的自我形象还是没有改变。

　　正在显现的"事实"与他的文化归类不符。摩洛哥村民们不习惯把他们的一小块一小块土地加起来,计算它们的总和,与商品的价格起落相比较,或者和他们的邻居作系统的、数量上的比较。他们也不用社会经济阶层的概念来理解他们的村庄。诚然,有些社会(就像我们自己的)用诸如此类的术语来概括社会现实,但摩洛哥人并非其中之一。当马里克为我将自己的财产对象化,把它们变成从数量上和外观上我们都可以检验的对象时,他开始认识到他的自我形象和我的分类系统有所不同。在他眼前的、通过他自己的努力出现的这个"硬"数据,令他非常不安。

我们客观的社会科学将事实当作与一个更大的整体相分离的实体,它对我们来说(可能)是足够真实的,但它对马里克来说无疑是陌生的。他对一个人的境况形成了一种更加综合的判断,在考虑经济因素的同时也考虑道德和社会评价。这种概念图式的两极分别是那些"一切顺利"(nas la-bas'ali-hom)的人和那些"一切都不幸"(nas msakin)的人。这些类别就是全部。比如,如果一个人没有儿子,尽管他富有,他也是令人同情的(meskine)。一个人的经济条件不会被忽视,但它不是划分阶层的唯一根据。在马里克的图式里,那些"富裕"的人可能包括了四分之一的村民,而那些"穷的、受压迫的、值得可怜的"人大约是三分之一。至于剩下的村民,并没有特别的词来标示他们,但没有人觉得这有什么。只是在人类学者的催促下,马里克才尝试着将每个人都归入特定的阶层。

马里克正在改变。为了理解我的用意何在,他不得不重新表述他自己的经验。通常他是精于此道的,但当他自己的情况成为讨论对象时,他就表达不畅了。毕竟,他的新的自我意识与他原来的自我形象截然不同。

每当一个人类学者进入一种文化,他要训练人们为他将自己的生活世界对象化。当然,所有文化里本来也都存在着对象化和自我反省。但这种清晰的自我意识很少借助外部媒介来转达。人类学者创造了一种意识的双重性。于是,人类学的分析必须结合两个事实:首先,我们自身是通过我们提出的问题和我们寻找理解与经验这个世界的方式而历史地存在的;其次,我们从我们的资讯人那里得到的是解释,解释同样是以历史和文化为媒介。因此,我们收集的数据是被双重调节的,首先由我们自己的存在,然后是我们向资讯人要求的第二层的自我反省。

这绝不表示跨文化理解是不可能的。只要我们能够说明所得到的数据的不同的认识论前提,它就不是理解的障碍。马里克不是对我撒谎,也不是被简单地操纵。他真的认为自己很可怜,总的来说不是有钱人。当我们共同建构一个对象(他的财产清单)时,他看到他是相对富裕的。他不得不仔细深入地思考这一矛盾。他的自我形象不那么确定了。他那天真的意识被改变了。他从未当自己是有钱人。在考虑了这件事几天之后,他认定,他的最初判断是正确的。是的,他是比大多数其他村民有更多的土地和绵羊,但他没有父亲,他的儿子有病,他的母亲需要赡养,他的兄弟还没有结婚,他的叔叔想方设法要弄到他的地。不,保罗先生,情况很糟糕。然而,他已经滋生出了一种意识的双重性。马里克被迫以一种新的方式看待他的生活。他的世界有了新的轮廓,即使他的最终判断还是一样。

发生在村里的大多数玩笑、戏谑和"打探"都很容易处理。然而,在与工作有关的领域,这些要求和试探就不那么容易被拒绝了。许多二三十岁的男人无所事事。根据伊斯兰教的继承程序,直到父亲去世后,人们才能继承遗产,况且无论如何,在这个村子里,多数情况下没有多少东西可以继承。财产很少,在两次农忙之间有大量的空闲时间。男人们经常开玩笑并抱怨他们的处境。我在场时,这些哀叹经常演变成要求我帮他们在法国找工作的请求。确实有三个村民在法国当上了农业雇工。他们定期寄钱回家,这使他们能够购买土地,修缮房屋,让儿子们完婚,当他们走亲访友时就戴着太阳镜、穿着成套的衣服来炫耀自己。他们激起了人们普遍的嫉妒,但旁观者们除了发牢骚之外毫无办法。

我现在知道在这个地区进一步扩展农业的可能性已经到头了。这些男人们的感觉是正确的;他们的前景并不光明。塞夫鲁没有工业,离开村庄的唯一道路是通过教育体系——但即使是走这条路所能有的机会也在飞快消失,独立后国家机构里的大量工作机会现在大部分都被填满了。

人们聚集在其中一个摇摇欲坠的商店门前,坐在泥地上,浑身力气,但除了打架和争吵,他们没有别的宣泄渠道。他们的每一个请求无疑都与他们的焦虑相关。这些人的困境真实确凿。

在田野工作的早期阶段,人类学者以他自己所理解的"天真的意识"进行工作。"在那里"的现实看起来那样具体,那样俯拾即是。在村里的最初几个月,我的愉悦是和这种确信联系在一起的。没有很多东西需要解释;一旦事实被收集起来,仿佛它们自己就能进行解释。按照外部世界所呈现出的样子来理解它是最基本的第一步;它是令人满意、容易把握的,但并不够。

实际上,"事实"所阐明的东西远远不是显而易见的。假如它们所表明的全部只是说,摩洛哥是一个没有充分就业的第三世界国家,经济前景不看好,那么压根儿就不需要千里迢迢跑这么一趟。我在芝加哥已经对此有不少了解。这并不意味着在这个层次上的概括是错误的或不必要的。法国殖民主义和新殖民主义与摩洛哥现在的问题密切相关。但在这个一般性层次上,这些指导性的观念近乎空洞。原先看似可以组织和阐明大多数材料的最宽泛、最丰富的概念,结果变成是最贫乏的。从宽泛的主张——如新殖民主义是摩洛哥农村贫困的原因——向个别的案例过渡,必须以某些特定的判定来作为中介,因为除此以外没有办法将一个村子与另一个村子、一个国家与另一个国家区分开。随着村庄历史的轮廓越来越清晰,我开始认识到这一点。是的,西迪·拉赫森的贫困在很大程度上是法国保护领地的原因。但是邻近的一个今天同样贫困的村庄,却的确在法国统治下曾经繁荣过。法国统治的影响不可否认,但即使在这同一个地区,影响也是差异甚大的。

本世纪初,西迪·拉赫森·利乌西曾经是一个繁荣的村子。它拥有远超出其需要的充足水源和灌溉系统。村子是各部落的宗教中心。圣人家庭的领导们在调解部落争端中扮演着重要角色。这在整体上促进了村庄的威望和财富的增长。甚至当法国人来到乡下建立起军事管制时(在第一次世界大战之前),村里的首席调解员还被说服来担任各部落的中间人。

法国人承认西迪·拉赫森的支配地位。事实上,在第一次世界大战之后不久,他们提议在村子附近建立一个有军事院校、市场和学校的综合设施。村中的长者担心这会破坏对孩子们的宗教教育,拒绝了这个提议。出于尽量避免明显的强迫措施的政策,法国人接受了回绝,并在几里外的另一个村庄建设了综合设施。这个村子今天非常繁华。

对西迪·拉赫森的居民来说,这是根本的、全面的衰落的真正起点。他们的宗教权威由于法国式法庭的出现而削弱了,法国式法庭虽然合法性更弱,但更易于为柏柏尔人掌握。随着他们的调解角色的衰败,他们的精神方面的名誉下降了。

再从内部来看，他们也逐渐关闭了经济增长的可能性。在第一次世界大战的时候，土地远远足够供应人口；事实上，大量的土地根本就没有耕种。慢慢地，又一个 50 年过去了，这种好运改变了。人口极剧增加；政府收回了一定数量的土地用于重新造林的工程；曾经的公共放牧用地被分配掉了。替代性的谋生方式变得几乎没有了。然而，这些长期变化的影响，没有以直接的、激烈的方式被察觉到。

直到 1960 年代，每个人才充分清楚地认识现状。村子试图争取让自己成为农村公社委员会的总部。这将带来市场、铺平的道路、电力供应等种种好处，以及村庄生活的再度复兴——如今大部分村民们所要寻找的一切。然而，他们丢掉了他们的机会；内部的分歧致使他们在一次关键的会议上优柔寡断，另一个村庄被选中了。那个村子离西迪·拉赫森不远，今天发展得非常好。村民们看到这样，更感到痛苦。他们现在认识到，未来发展的可能性对他们来说几乎为零。他们很清楚自己的处境，而这更恶化了他们的生活。他们无能为力，只能干坐着，满腹牢骚。正如一个人对我大声嚷叫的那样，"我们所有人都不得不到巴黎去，对吗，保罗先生？"

就我自己天真的意识来说，看起来"不证自明的"东西其实是最需要解释的。在这个例子中，只有对宗教的、社会的、生态的、政治的和心理动力决定的历史都加以考虑，经济状况才能被理解。问题在于，要将我的抽象概念与直接感知的村庄日常生活的现实相联系。这只有通过追溯特定的中介物才能做到，否则它们仍然只是无用的真相。我的田野工作的剩余部分就致力于这项任务。

第六章　越界

在最初的几个月之后，我在西迪·拉赫森的工作更加辛苦，断断续续，也较少有直接的满足感。在漫长而平淡无奇的一段时间里，我费力地处理各种日益迫切的需要，开始综合材料、设计具体问题、寻找解决问题的方式等。列维-斯特劳斯曾说过，如果人类学是探险，那么他就是探险的官僚。我开始理解他的意思了。

随后的几个月，我花了很多时间只是在村子里和田野里闲逛，坐在商店里闲谈，安排访谈，等待资讯人，或者只是无聊地待着。这时我的阿拉伯语已经有了相当的提高。我努力和马里克及其他几个村民保持定期的工作日程安排，但这很困难。有一个下午特别令人难堪，当我哄着马里克讨论当地的反法政治活动时，他被我固执的提问激怒了，说我就像一台榨橄榄机一样正在压榨他：如果你榨得太用力，你得到的就是果肉泥而不是好油。

在持续数月的专自工作以后，我知道我已经跨过接纳的门槛。缓慢而断断续续地，我正在朝着我所寻找的那种理解前进。与书斋研究不同，一旦研究者离开田野，田野资料就固定下来了。于是，我越往前走，关于数据的陈述，我对自己的提问就越多。尤其是到快结束的阶段，我可能必须花好几个星期去寻找某个人，他要有专门主题的知识,并且愿意和我进行讨论。如果我没能找到这样一个人并说服他跟我一起工作,我的运气就不好。那儿就会有一道在芝加哥我将无法填平的鸿沟。我每天早晨醒来,感觉到材料就在那里,只要我能够找出得到它的方法。但正如马里克说的那样,只有一个大门朝我敞开——耐心,只有耐心。

在具体问题上的时间投入与可能获得回答的机遇之间开始形成反比。新的资讯人(经常不得不哄着进行谈话)对我的工作方法和提问方式是不熟悉的,不可能投入必要的时间来为每个信息点培养和训练一个主要的资讯人。但这样就无法改变谈话情境中所要求的微妙的、仪式化的礼节这一事实。

必须撒更大的网。由于政治的、经济的,或者仅仅是习惯上的理由,这遭到了马里克和其他人的反对。有两个偶然事件(一半是偶然的,一半是我自己策划的)帮助我取得了另一项进展,它们帮助我跨越了某些重要的障碍,并给了我更加精力充沛地继续调查的信心。

在这期间,阿里为了疗养回到村里来。他的疥疮很严重,在摩洛哥的这个地区这种病很常见。许多学校的孩子们备受折磨,失去了头发,被疥疮覆盖。这很难看,很不舒服,也让人烦恼,但除此以外没有其他严重的后果。尽管疥疮容易治愈,当地法国医生却告诉我摩洛哥政府拒绝发出足够的药物进口许可证。

一天晚上,我向阿里透露,我很难让人们谈论大约 15 年前苏丹被放逐期间发生的政治事件。我确信,这一作为分界点时期的后果必定还在当前的村庄政治中起作用。阿里和我意见一致。他同意打破共谋的沉默,只要我开车带他到塞夫鲁去看他的情妇。我欣然答应了。

触发并催生了反法统治的事件是苏丹的被放逐，这一事件的高潮是摩洛哥的独立。起初穆罕默德五世被法国人选上，是因为他们认为他会听话。但几年过后，穆罕默德五世逐渐转向民族主义事业。1950年代早期，他发表的几次演说和声明被法国人当作驱逐他的借口。在南部几个著名的柏柏尔奎德的帮助下，法国人发起了一项主要以农村为基础的运动，运动的高潮是穆罕默德五世被流放以及一个傀儡苏丹的上台。

在西迪·拉赫森，村民们（特别是圣人的后代）极不舒服地与这一事件绑在一起。他们曾经和该地区一个强大的、支持法国的奎德形成过亲密的联盟。在穆罕默德五世流放期间，他们被迫支持这个奎德和法国人，在每周一次的聚礼上以新苏丹的名义进行祷告，这等于让法国人的行为合法化了。同时，这个地区也有反法组织和武装游击队，他们要求供给和安全。有的村民加入了这些群体，而有的则公开支持被流放者。剩下的大部分人在两者之间摇摆。总之，这是一个许多村民宁可忘掉的剑拔弩张的时期。然而，既然流放期间的政治结盟在独立以后的地区权力斗争中起了关键作用，这一时期就有着特别重要的意义。这些事件中的群体、个人以及派别的作用，只有放在流放时期的背景下才能得到正确理解。如果我想理解近来的发展，我就不得不对这一时期有更多了解。但每个人看来都很不愿详谈；即使是那些处于胜利一方的人也吞吞吐吐，不愿再次打开这个装满冲突和辛酸的潘多拉之盒。

阿里非常详细地、津津有味地告诉我他对那些事件的看法。他用自己独特的方式来展现和修饰这一以战斗、背叛、恐惧以及报复为标志的时期。尽管他的许多观点过后必须被重新评价，但阿里的故事的确提供了一个基本的轮廓给我，发生了什么事，哪个人站在哪一边。马里克和其他人一发现阿里已经告诉了我他对这些事件的看法，他们的历史健忘症马上就被治好了；他们被吓了一跳，他们很清楚阿里会编出什么故事来。突然间，我发现在这些事情上合作容易得令人难以置信；他们把自己的相应版本几乎是一五一十地都说了出来。人们假装毫不在意，他们提供细节，仿佛这只不过是微不足道的话题。

一旦沉默被打破，一旦一个派别的报告被给出，其他的个人和派别就感觉自己有责任通过说出自己的版本来维护自己的利益。在随后的几个月里，一系列的访谈接踵而来，有些是公开的，有些则是在晚上悄悄地进行——这充分证明受过伤害的人仍然软弱，对政府的恐惧记忆犹新。

类似事件在田野工作期间的其他时候也发生过。对他们的抵制的尊重倒会成为主要的绊脚石。然而，重新构思我的工作也不能保证我避开将来的死胡同。我这方面的这种让步实际上可能鼓励了他们设置新的障碍。我的反应基本上属于一种暴力行为；它是在符号层面上实现的，但无论如何它是暴力的。我通过从阿里（他当然是利用这点来对抗他们）那里得到的信息，正在侵犯我的资讯人的完整性。我知道这是强迫（几乎是勒索）其他人敞开他们所拥有的、在感情上对我有所防御的生活领域。我在闯过他们可接受的、感觉的边界。当然，对阿里来说，他这样做是另一回事。他热衷于此，有意地、明确地要让村民们不安。但在此事上，他是在惹火上身，不用说，各种对他的攻击也的确纷至沓来。对我来说，风险程度就无法相提并论了，除了各种各样的消极抵抗，村民们并不能报复我。

马里克曾告诉过我一种官方的版本。一旦阿里违背了这一文本,村民们曾经压抑的关于不和与冲突的真实故事就带着一种阴郁的调子再次上演。没有阿里或类似的人物——某个与集团亲近得足以知晓其隐密的对抗,但又足够独立、不太在乎保护社区的敏感性,并且迁移得足够远所以不怕报复的人——人类学者将被成功地阻挡。阿里的行为允许我以自己追求的方式继续研究。

至于宣称其田野经历中不包含这种符号暴力的某种形式的那些人,我只能回答说我不相信。它是内在于情境的结构之中的。这并不是说每个人类学者都可以意识到,因为其敏感性不同。符号暴力的形式和强度无疑是千变万化的,但它们都是同一个主题的各种变形。

第七章　自我意识

日历飞快翻转，伊斯兰教年历的主要庆典也很快过去。我与很多不同的人讨论过拉马丹月（Ramadan），即阴历的斋月的意义——他们个人是如何感知它的，它从古至今以来的变化以及其他许多问题。在所谓标准的伊斯兰教问题上，村民们相对开放。对《古兰经》本身的态度也是如此。尽管马里克与其他村民对其文本的复杂性实际上只了解少许，但与我谈论这些问题，他们没有丝毫迟疑。比如，在学校放假期间，当我邻居的孩子或其他在非斯的卡拉维因大学就读的年轻人回到西迪·拉赫森，马里克和我以及其他人会聚集着聆听他们依照正统解释《古兰经》，评论默罕默德言行录或者那些传统的集注，以及伊斯兰世界面临的一些现代困境。

我们甚至讨论阿里和艾萨瓦。这种讨论必须更加小心，因为阿里与许多其他村民之间存在着仇恨。尽管这样，我很容易就可以展开我的主题，至少在总体上是如此，比如塞夫鲁地区的各种兄弟会，他们各自的优点及其成员的地方化模式。

非常奇怪的是，村民们非常不愿谈及的宗教领域竟然和他们自己的圣人——西迪·拉赫森·利乌西有关。我知道，有一个关于他的传说,而要想了解他的英雄事迹和巴拉卡,最保险的莫过于去询问他自己的后裔。事实上,我将关于标准伊斯兰教的讨论,很大程度上视为探索这个边远村庄特定的伊斯兰教形式的序曲。数月以来的探求中,我遭遇过闪烁其辞、简单回复,以及一种"这不是人们愿谈的话题"的一般感觉。遇到第二次或第三次粗暴拒绝后,我很少继续追问,但我开始对他们的讳莫如深产生浓厚的兴趣。最后,在村庄待了比较长的时间后,答案开始清晰。一个最主要的原因就是,即使是圣人的后人自己对他们的祖先也是知之不多,这令他们颇为尴尬。比如,马里克,尽管曾是一个法奇,也要很费气力才能阅读经典的阿拉伯语著作。西迪·拉里乌撒岑(Sidi Lariousah-cen)那些众多的更为专业的关于诗歌、逻辑和隐喻的专题论文更是在他的视野之外。准确地说,他也从来没有尝试过要去阅读它们。

村民对历史人物知道得不多,我并不惊奇,但他们对他的英雄传说同样存在普遍性的忽视。大家只知道一些零星片断,一两个细节而已。但毫无例外的是,它从未被完整讲述过,也没有专门的人来负责记忆。在我的田野工作期间,村民们开始深刻地意识到他们竟然不知道自己圣人的传说,而他们现在感到,这是他们应该做到的。圣人支系的男子开始收集并组合人们知道的故事的不同版本。马里克逐渐将其整理出来,我们最后才有了类似传说的东西,这很大程度上要感谢人类学家——他也迫切需要这样一个传说。

我们的推动明显激起了一些对这位历史上的圣人本人的兴趣。一些在非斯就读的学生开始在那里的书店搜寻他的著作,并找到了其中一些。我自己买到了两本,但村里没有一个人可以完全阅读它们。直到世纪之交,人们几乎完全忽视了西迪·拉赫森的孩子或他后裔的历史。

一旦我意识到正在发生的事情，重新发现村庄遗产的过程就变得有趣起来。这里，不是人们在对我保留或隐瞒什么，而是他们对自己的无知感到尴尬。同样，我的问题也没有让人觉得奇怪。我这个来自国外的异教徒促使他们就自己的精神遗产加以质询，人们感觉到这有点辛辣的讽刺意味。

一年中的某些场合，会有各种团体来到村庄朝拜圣人之墓。任何人都可以随时来朝拜圣人，并祈求他的庇护。作为回报，他们通常携带供奉之物，从一根蜡烛到一只羊都行。所有的供奉都被集中起来，由圣人支系的成员平均分配（数量很少，经济上无足轻重）。群体的朝拜是高度组织化的，无论有没有解释，我都期望至少在这里能够看到当地伊斯兰教的活动。一年之中，两个主要事情就是缪兹，或称纪念圣人的庆典。较小规模的那次在收获之前的春天举行，较大规模的，也是主要的那次，则在丰收之后的秋天。那时，整个地区的部落群体都来到西迪·拉赫森，整整三天都在唱歌、盛宴和探亲访友中度过。伴随着著名的柏柏尔幻想曲，成群结队的盛装马队彼此争斗，柏柏尔诗歌和马背骑术展示使整个节日达到高潮。

除了这两个庆典，还有一些特别的部落群体每年都会来这里朝拜，向圣人表示敬意。其中之一来自邻近的本尼雅尔嘎拉部落。这是一个阿拉伯语部落，他们的地域紧邻着围绕这个村庄的埃特优素和埃特希立两个柏柏尔人部落。我对于他们关系的历史发展，甚至有关其如何形成的传奇性叙述也了解甚少。显然，存在着一个时期，小的兄弟部落宣誓效忠于西迪·拉赫森。在典型的摩洛哥政治形式里，它必然是一个独立的地方性组织，对其他群体的活动基本上毫无兴趣。

柏柏尔骑士来朝拜圣人。

宰牛供奉过程中出现的差错引起了人们的担心。

这个部落群的来访,仅在小庆典之后的数周。这也是我第一次有机会观察部落群体与圣人宗族之间的主要互动形式。我急切地盼望着他们的来访,但圣人的后裔们却几乎并不在意即将到来的朝拜。这种保守态度以及能够察觉得到的冷淡同样发生在其他的活动中,包括两大庆典。这引发了我的好奇。在这样一个小山村,存在着大量的未就业状况,足够多的闲暇时间,我原以为任何变化都会受到人们愉快的期待呢!人类学家当然欢迎日常生活中的任何变化,但对村民而言,事实并非如此。

当本尼雅尔嘎拉,这个紧邻的部落群体,朝着西迪·拉赫森进发时,村庄的人老远就能够看到。村庄的中心地带可以俯瞰低地山谷,也可以眺望远处山脊和山谷。人们可以看到数公里之外的这个由七八十人组成的群体。领头的是一个手擎一面破烂的绿色旗帜的老者。他是这个队伍的首领,并且非常乐于最后发言,虽然他并无多少细节可以添加进来。在他之后,依次是男人、女人和孩子。有些骑着驴或骡子,有些则是徒步,随着队伍行进在橄榄树林中,顺着山谷向上。当他们渐渐趋近,可以听到他们祈祷的声音。兄弟会的迪克,或称祈祷,是一套祈求西迪·拉赫森庇佑的简单词语。人们不停地重复着,乐在其中。紧随首领之后,一个人牵着一头牛,它将成为对圣人的仪式性供奉。当队伍行进到位于清真寺和圣人墓之前的庆典举行的地方,祈祷声音开始提高。二三十名圣人宗族的男子集合着迎接朝拜的队伍。人们握手、拥抱,然后两个群体加入到更有力的祈祷中,朝着圣人墓区进发。这里,他们将接受茶和食物的款待,正好与缪兹模式相反。庆典中,朝拜者携带食物给圣人后裔。在过去的几年中,圣人家族中,就哪个支系提供茶,哪个支系提供炖菜、哪个支系提供面包,大家争得不亦乐乎。

显然,曾有一年,争吵终于爆发,以至于没有任何人来为客人准备任何食物。这必然令圣人震惊,并导致不快。今年,群体虽然还远不是那么团结、融洽,但支系之间的关系还是得到迅速修复,因此至少可以向客人提供茶和食物。

一阵休息和闲谈之后,该是宰牛的时候了。本尼雅尔嘎拉的发言人为牛的大小表示道歉(它看起来的确很小),他说现在已经不再是人人都愿意捐献的老岁月了。牛被解开绳索,牵着绕到清真寺的背后,靠近一个由政府修建的大的水泥盆,正好是泉眼所在之处。人们背诵着几小节《古兰经》,以准备宰牛。然而,来自西迪·拉赫森的宰牛者把自己的工作搞得一团糟:他砍得不够深,牛没死。鲜血从牛被砍了一半的脖子中喷涌而出,牛在巨痛和狂怒中咆哮,狂野地蹬踢,挣脱了抓着它的人们,然后夺路狂奔而去。二三十人和看起来有一百个德拉里开始去追牛,呼啸着,尖叫着,挥舞着刀,混乱至极。最后,在一段让人感到非常漫长的时间后,人们捉住了牛,并且成功地砍下了它的头。牛是那样疯狂地转圈,以至于血溅得到处都是。牛被拖回到盆子,在那里,人们试图恢复平静,但似乎并不成功。午后剩下的时光就在将牛肉按照比例分给相应的各亚支系。大家相对平静了。肉,尤其是牛肉,对这些村民而言,是一件稀罕物。绝大多数村民一周吃肉都不会超过一次,许多人甚至一个月才能吃上一次。村里一旦有牛被宰,附近乡村的男人都会涌到这里,观看并监督分割的过程。这足以耗去整整一个下午。没有人希望错过这种盛会。人们的讨论始终高度活跃,堆放在缪兹中央的红色牛肉和内脏则有如催情剂,与这个特殊的下午的近乎宁静的情形形成鲜明的对比。

夜里,马里克邀请这个兄弟部落的首领和其他数位来访者,由我们招待他们共进晚餐。令人吃惊的是,他们对我相当开放,并且善谈,但是并没有提供多少具体的"民族志"细节。客人为带来的供奉太少,不停地向马里克表示抱歉。马里克则保持着适当的自傲。

第二天,客人离开了。来访团聚集在清真寺的前面,与聚集的村民一起唱圣歌,只是没了牛。然后,他们缓慢离开圣人墓地,走出村庄。他们倒退着行走,以免将背部对着圣人,并一直在唱着圣歌。下到山谷几百码远后,他们才转身,然后继续走他们的路。

第二个夜晚,我被邀请到马里克家吃晚餐。这在我的逗留期中很少见,因此我想这肯定是一个特殊的场合。当我到达他简单的居所,发现受邀聚集在一个房间的,都是马里克所在支系的几位更成功、更有权势的男子。他们并不是村庄的长者,事实上他们也就四五十岁。然而,他们都是阿拉伯语教师,有一个还是地区的督学。尽管和我保持着点距离,他们对我还是一直热诚而合作的。显而易见,他们是对我的进入开绿灯作最后决策的权力集团。同样,他们显然对马里克和我一起工作至少持支持态度。他对他们非常尊敬,以恭顺的态度来对待他们。

晚餐过程中,我们谈这谈那,比如我的逗留,我对食物、天气以及橄榄收成的看法。马里克几乎没说什么,这和平时的他不一样。最后,晚餐之后,我们品尝着仪式性的薄荷茶,他们开始拐弯抹角地提到西迪·拉赫森。这些人都能熟练地阅读古典阿拉伯文,也当然熟知我过去数月中曾经调查过的问题。这已经使他们开始思考。他们用一种严肃但令人惊讶地毫不设防的语气向我解释这一切。他们说,他们除了知道圣人的巴拉卡(神力)和学问曾令最伟大的苏丹都感到颤抖之外,其余知之甚少。但巴拉卡已经丧失很多年了。督学说，保罗先生，我们只是伟大的西迪·拉赫森之藤上干枯的葡萄。

他们对自己心灵状况明智的自我意识和坦率，呈现在平静得几近疲惫的语调中。他们看到牛带着砍了半截的头在村庄里狂奔，感到非常不悦，并因此深深蒙羞。他们优雅的神圣性随风而去，但他们却无能为力。就物质上而言，他们都是成功的、富有的，但他们的认同最深层的核心，他们赖以领悟价值的象征，是他们作为西迪·拉赫森后裔的地位。所有的人都能够清楚地看到，对这一认同的侵蚀非常严重。

第八章　友谊

德里斯·本·穆罕默德，一个快乐的、胖胖的、好脾气的年轻人，始终拒绝做我的资讯人。在我逗留期间，既然时间许可，我们不经意地，几乎算是意外地开始彼此认识。渐渐地，我们之间开始萌生一种信任。我认为，这种信任基于意识到彼此的不同并且互相尊重。

本·穆罕默德不是害怕我（正如其他部分村民一样），也不是犹豫于与欧洲人打交道（尽管他以前和他们几乎没有任何交往），更不是企图从我这里获利（他拒绝了绝大部分礼物）。简单地说，他是我的主人，应该怀着敬意待我，如同每一个客人都应该享受的那样。哪怕是像我这样一个在那里待了如此长时间的家伙。

要成为朋友，正如亚里士多德所言，两个人"必须认为对方怀着美好愿望并且彼此祝福……要么出于实用、快乐，要么出于善……那种出于善的友谊是最好的……因为，那种没有条件限制的善也是令人愉悦的。但这样的友情需要时间和熟悉……希望获得友谊的愿望可以很快产生，友谊则不然。"①

---

① Nicomachean Ethics, Book Ⅷ, Chapter 2, p. 1060 in *The Basic Works of Aristotle*, edited by Richard McKeon (Random House, New York, 1941).

　　时间在流逝,我和本·穆罕默德的友谊也在加深。我从他那里学到越来越多的东西。在田野工作的最后几个月,他从学校回家后,我们经常在一起度过炎热的时光。田野经历现在接近尾声,情绪和智识也达到一个新的深度。我们没有任何计划或安排,只是闲散地围着田野散步——田野上或是铺满了成熟的谷物,或是因果园灌溉之水而变得泥泞——进行着一系列漫无边际的谈话。他对资讯人地位的最初拒绝,使另外的交流方式成为可能。当然,如果没有我和其他人已经建立的常规化的、经过训练了的关系,我们的沟通也不会实现。几个月来,部分是作为对职业化情形的回应,我们已经轻松步入一种更无防备、更放松的进程。

　　尽管我们谈论众多事情,但最有意义的系列谈话可能还是我们与各自传统的关系的讨论。要想和阿里或者马里克进行这样的对话,几乎是不可想象的,因为他们都深陷于他们自己的地方世界之网。同理,与任何法国化了的摩洛哥知识分子进行这样的谈话也是绝无可能的。他们已经一半挣脱了他们自己的被错误理解的传统,但又因一种强化的、令人沮丧的自我意识而痛苦不堪,他们无法弥合这一裂痕。本·穆罕默德,用他自己谦虚的说法,也是一个知识分子,但他属于仍然将非斯,而不是巴黎,视为灵感之源的那一类人。这为我们之间提供了一个至关重要的空间。

　　对本·穆罕默德来说,伊斯兰的根本教义是,所有的信徒在真主面前都是平等的,尽管骄傲、自我主义和无知模糊了这个事实。在他眼里,只有非常、非常之少的人,才真正信仰伊斯兰教。绝大多数人只是采取一种狭隘的观点:他们认为只要遵从基本信条,他们就是穆斯林了。本·穆罕默德断然反对这种观点。如果信徒平等的信条以及对真主的顺从不是出自内心深处,或贯穿行为的始终,那么祷告,甚至到麦加朝圣都不能说明什么。尼亚(*Niya*),即心意,才是关键。你可以靠肤浅的外在形式来欺骗你的邻居,但你永不可能欺骗真主。在今天的伊斯兰世界,对本·穆罕默德而言,真正的穆斯林反而遭到猜忌。人们把慷慨和顺从看成弱点和愚蠢。自吹自擂、伪善、争吵和打斗则甚嚣尘上,因为人们没有真正懂得和接受伊斯兰教的智慧。

他援引了西迪·拉赫森的例子。对于圣人的教诲和独特"历程",他的大多数后裔就算知道,也只是很小的冰山一角。他们是无知的。然而仅仅因为是圣人之后,他们就自觉高人一等,声称可以有权占有他的巴拉卡和神圣地位。但是如果阅读了他们的庇护圣人的著作,他们会发现圣人本人就极力反对这种虚荣。他宣扬只因对真主顺从。伊斯兰唯一真正的高贵者是那些模范地生活,以追随真主的人。然而,西迪·拉赫森的后裔,纵然能够庇荫于他的精神力量,却失去了他们自己的力量。他们自以为仅凭与圣人的谱系关系就可以获得尊重。这一点,圣人本人也不会同意。

本·穆罕默德说,他正在努力追随圣人的历程。但这也为他带来了具体的问题。他所尊敬的父亲,强烈反对他"改革式"的阐释。这不会改变本·穆罕默德的个人信仰,但他有义务尊重父亲的信仰。本·穆罕默德知道,像他父亲那样已经固化的老人,不会改变观点。实际上,在他那个时代,圣人本人采取的是相似的姿态:抵制大众宗教中的极端成分,而其虔诚的一面则受到默许。

对于本·穆罕默德来说,他的世界观的张力,表现为摩洛哥人的两种选择。摩洛哥的未来远非光明。为寻求自己向往的工作和生活,他面临着极为巨大的困难。他的前途与国家的前途紧紧相系。他也知道,未来生活的象征和信条,都将只能从摩洛哥传统中提炼。摩洛哥人不能忽视西方的存在。这就需要借用、融会，并消除某些古老和陈旧的实践。但这并非意味着单纯地模仿西方。所有这些中尤为重要的一点是，这绝不是要遗弃伊斯兰教。

和绝大多数资讯人一起工作时，我会在这一概要性的观点上打住。而与本·穆罕默德，我感到可以走得更远。在摩洛哥逗留期间，我注意到黑色在很多方面总是被视为负面。广义来说，白色代表美善，黑色等同丑恶。看起来，马里克尤其一贯关注色彩的区别及其象征意义。在他的观念里，黑色是不好的颜色，只能与狗匹配。你的肤色愈浅，你就愈高贵，在真主眼里也就愈加闪耀。马里克曾有一天嘲笑一个非常贫穷的村民，他说那个人实在太穷了，只能与一个黑人结婚。他无数次地强调指出，自己初生的女儿肤色是多么的白。当我给他看一些美国带来的照片，他都会郑重其事地说，他不能分辨其中的那些黑人到底是男是女。当他发现一首自己最爱的歌曲，其演唱者居然是一个黑人乐队，一度沮丧不已。从那以后，他每次评论音乐，都要先弄清楚歌手的肤色。马里克一点也不怯于谈论这些颜色的象征意义。他非常确信自己的判断，其绝对权威正是来源于《古兰经》。

在居留期间，我始终恪守人类学家的责任，忠实记录着他的言论，并竭力避免就此进行公开回应。但愈到最后，我愈来愈受到它们的影响。它们真的在我心中发炎了。我的肤色很浅，有着蓝色眼睛，浅棕色头发。我多次想问马里克，他自己有着黑色的皮肤、卷发、厚嘴唇，是否觉得这些身体特征使我优越于他？但我从来没有。与他起冲突没有意义。

本·穆罕默德则不同。我最后试图跟他提出我对此事的疑问时，他的思路非常清晰。那时，我们坐在山坡上的无花果树下，俯瞰着下面的布鲁嘎勒斯克田野，一起愉快地度过炎热无云的盛夏午后。我开始小心翼翼地提出我对马里克的看法。本·穆罕默德再一次非常高明地越过了文化区分的栅栏。他完全同意鄙视黑色人种是错误的。与各种形式的种族主义作斗争，是穆斯林与生俱来的义务。这一点是毋庸置疑的。但是，《古兰经》中也的确存在这样的象征意义。而大多数人靠习俗而不是自己的智力来作判断。马里克是一个农民，不能指望他懂得更多。他被用这些格言培养长大，它们是他生活的部分，他也不会轻易去掉这种偏见。

他提醒我，不要把马里克的观点与他所知道存在于欧美的种族主义相混淆。尽管马里克表示反黑的情绪，但没有一个摩洛哥人会因肤色而将人拒于旅馆或工作之外。本·穆罕默德说，各种文化是有区别的，即使人们说同样的事情，当在社会中真实上演时，同样的一个表达可能有着完全不同的意义。你下判断要谨慎。我同意这一点。

然而，还有一个更进一步的问题：本·穆罕默德，我们是平等的吗？或者，穆斯林高人一等？穆罕默德有些慌乱了。这里，不允许有改革式的阐释或折衷主义。答案是"不"，我们是不平等的。所有的穆斯林，甚至最卑劣和备受指责的穆斯林——我们举出了一些我们都认识的人——都高于所有的非穆斯林。这是真主的意愿。将世界划分为穆斯林和非穆斯林，是"最"基本的文化区别，是那种阿基米德之点，其他都是围绕它而转。正是这最终成为我们区分之点。但是，正如亚里士多德指出的："以美德为基础的友谊，不会生抱怨，但当事人之目的将成为一种衡量的标准。因为，美德和个性的本质因素就在目的当中。……友谊要求人们做到他所能做到的,而不是做与事情价值相称的事,因为那并不总是可以做到的。"①

本·穆罕默德在过去的几个月内给我的关于宽容和自我接受的教导影响着我。我强烈地意识到自己是美国人。我知道,该是离开摩洛哥的时候了。

*　　*　　*

"革命"发生时我不在场(1968—1969)。我那些来自芝加哥的朋友,现在大多居住于纽约,当我返回美国时,他们已经变得强烈且无所畏惧地"政治"起来。纽约,我所长大的地方,看起来和我离去时没有任何不同。但现在,这个城市和我的朋友们对我而言,已经比本·穆罕默德还要百思莫解。幻想着不久后回归到自己的群体中,曾经支撑着我度过了许多孤独日子,却没有在我回来时出现。我将自己调整到一个被动的立场,等待它的出现。也许,我的回归的最奇特的一面就是,我的朋友们现在似乎痴迷地关注"第三世界"。至少,这个短语在他们的话语里有一个强制性的位置。而我刚刚就在第三世界。然而,他们如此热切描绘的这个"第三世界"和我的经历没有任何明显的关系。起初,当我指出这一点,他们都礼貌地略过这一话题。当我再坚持,他们暗示我是否可能有点反应过激了。这个被轻轻遮蔽的细微差异的迷宫,曾在摩洛哥无数次感受到的那种几乎不能抓住意义的感觉又回来了。但是我

---

① *Nicomachean Ethics*, Book Ⅷ, Chapter 13, p. 1075 in Mckeon.

现在是在"家乡"。

接下来的几年里，其他的活动充斥着我的时间，包括写作和教学。写这本书，似乎使我能够开始另一种类型的田野工作，重又行走在一种不同的地貌上。

特林·冯·杜拿着一打玫瑰花走进来，表示对我们尽地主之谊的感谢。他一上来就宣布他尽管 33 岁了，但美国人常常误以为他才 15 岁，让人立即注意到他大概五英尺高这一事实。刚开始一个小时左右的介绍总是礼节性的，但杜提到胡志明有六七次之多，并谈到自己到美国已经有 12 年，打打零工，还曾一度在蒙特利陆军语言学校教书。当我们的话题从政治和资历转向语言和文化，气氛一下子就热烈起来。当然，他愿意教我们学越南话，介绍越南文学，尤其是诗歌。他自己所操的顺化方言，是最有诗意的（正如那里的女人），西贡方言听起来像唱歌，有如汉语，而河内方言则最清晰精确。但所有的越南人都用同样的书面语言，都喜欢《翘传》（*Tale of Kieu*）。他愿意用三种方言朗诵，我们可以挑选自己最爱听的那一种。跳跃式地，充满了神采但近乎严肃地，他把这首 19 世纪著名诗歌的前面几节朗诵了三次。

结　论

文化即阐释。人类学所谓的"事实",即人类学家到田野中寻找到的材料,本身就是阐释。在人类学家前去对其文化进行探索之前,原始资料已经被那里的人们的文化调和过了。事实(fact)是被制造出来的——这个词来自拉丁语"*factum*",是"制作"、"制造"的意思——我们所阐释的事实被制造,并且被重新制造。因此,它们不可能像岩石一样,被拣拾起来,装进容器,运载回家,然后在实验室里进行分析。

在其各种表现形式中,文化是由多种因素武断地决定的,不可能自我中立地呈现,或以一种声音呈现。每一文化事实都可以既被人类学家,也被其持有者,赋予多种解释。世纪之交的科学革命已经设定了这些参数,但这些革命很大程度上被人类学忽视了。弗雷德里克·詹明信就语言学的范式转换所作的评论同样适用于人类学。他指出:"一个从思考的实质方式到相关方式的运动……当尝试对实物或对象进行命名时,术语方面的困难油然而生。……然而,作为一门科学,语言学的特征就是实物的不在场。……首先存在的是各种各样的观点,在它们的帮助下,你随后就可以相应地创造你的对象。"①

文化事实是阐释,而且是多重阐释。这一点,对于人类学家和他的资讯人——与之一起工作的"他者"——而言,都是千真万确的。资讯人——这个词非常精确——必须阐释他自己的文化以及人类学家的文化。人类学家也是如此。尽管二者都生活在丰富多彩的、部分融合的、生机勃勃的生活世界中,但他们并不相同。从一组经历到另一组经历,并不存在任何机械的、容易的翻译途径。翻译的问题和过程因此成为田野工作的主要技术和关键任务。需要澄清的是,那种认为"原始人"靠严格的准则生活,完全与其环境协调一致,根本没有遭到自我意识一闪而过的诅咒的观点,只是一套复杂的文化投射。并没有所谓的"原始人",只有其他的人群,过着别样的生活。

人类学是一门阐释的科学。它所研究的对象,即作为他者遭遇的人性,是在同一认识论水平上的。人类学家和他的资讯人都生活在一个经文化调适过的世界,陷于他们自己编织的"意义之网"。这是人类学的学科立足点。没有任何特权的地位,没有绝对的观点,也不可能有效地抹去我们或者他者活动中的意识。当然,可以通过假装无视此核心事实的存在而避开它。二者都是可以固化的。我们可以假装我们是中立的科学家,收集着毫无疑义的资料,假装我们所研究的人们无意识地生活在各种决定因素的支配中,他们对其一无所知,只有我们才有理解之密钥。然而,这仅仅是假象而已。

人类学事实是跨文化的,因为它是跨越了文化的界限而被制

---

① Frederic Jameson, *The Prison House of Language* (Princeton University Press, Princeton, 1972), p. 13.

造出来的。它们本是活生生的经历,却在询问、观察和体验的过程中被制作成事实。人类学家和他所生活在一起的人们都参与了这一制作。这意味着,资讯人必须首先学会说明自己的文化,开始对其具有自我意识,并使自己的生活世界客体化。然后,他必须学会如何将之"呈现"给人类学家。因为理论上说,人类学家是完全的局外人,甚至不能理解最明显的事情。因而,资讯人的这种"呈现"是在一种外在化的模式中被定义的。资讯人被以不同的方式要求去思考他自己世界的某些特定方面,然后必须学会找到合适途径,来向某个其文化的局外人描述这些他最近才留意的对象。而这个外来者与他的共识很少,而这个人的目的和做事方式又是他所不清楚的。假如一个摩洛哥人要向人类学家描述他的系谱结构,他需要做如下一些事情:首先,他必须对自己曾经很大程度上熟视无睹的生活的某些方面,进行自我反思和自我意识。一旦他多少有些理解了人类学家的用意,思考到主题,并得出一个结论(所有这些可以在数秒之内发生,本身不是一个理论性的过程),资讯人必须想出方法将这些信息传递给人类学家,一个外来者,一个从理论上说对他平常的生活世界一无所知的人。

这样,混合的、跨文化的对象和产品的最初形态就产生了。田野工作期间,如果这种借助于自我反思、自我客体化、陈述和进一步说明而形成的对象建构的过程要继续下去的话,建立一套共享的符号系统是非常必要的。尤其是在早期阶段,没有太多的共同经历、理解或语言可以求助,这将是一个非常艰难和不断尝试的过程,因为理解的基础尚未建立。当这个阈限的世界被共同建立起来时,事情也开始变得更为可靠,但理论上,它从未失去其外在性的特点。但这种外在性是一种变动不居的比率。它外在于人类学家(这不是他自己的生活世界),也外在于资讯人——他逐渐学会提供信息(inform)。"inform"一词这种稍显低贱的意涵的确还不时会运用到,但其更为古老的词根意义——"赋予形式,成为形式化原则,赋予生气"——也依然适用。给于形式就是这种交流的主要内容。通过回答人类学家的问题时的陈述,资讯人将其自身经验赋予外在形式,以达到他可以阐释的程度。

这种信息的提供,不是在实验室,而是在人际交流中,主体之间的。充其量,它也是局部的和薄弱的。较之日常世界里人们的互动和日常行为中所承载的文化深度和广度,这样建构出来的文化的深度和广度常常是令人遗憾地不充分的。人类学不是一套调查问卷,分发,填写,回收,就可以了。人类学家的大部分时间都消耗于以下诸事上:枯坐以待资讯人,帮忙做点事情,喝茶,整理谱系关系,调停争斗,为四处奔走而烦恼,徒劳无功地尝试着小小的攀谈——所有这些都在他者的文化中进行。个人理解的不足,不断地被推出表面,并公开地展示着。

中断(interruptions)和爆发(eruptions),挫伤着田野工作者和他的调查。更准确地说,它们也是在提供信息,也是调查中必不可少的一部分。对我来说,经常性的中断,不只是令人恼火的事情,更是这类调查的一个核心方面。后来,我愈来愈注意到,这些交流的断裂(rupture),具有很大的启发性,并且往往被证明是一个转折点。然而当时,它们看起来仅仅表示着我们的挫折。语源学再次来救援了:"e-ruption",向外爆发;"inter-ruption",向内切入——正是通过这种文化的阈限,我们得以继续沟通的努力。

无论这些裂变何时发生——前文中我已经描绘过的某些最重要的裂变情形——循环都将重新开始。这种跨文化的交流和互动,全部呈现一种新的内容和新的深度。我们曾经建立的根基,常常似乎要在我们脚底消失,我们则赶紧在别处拼凑一个新的:更多的已经被连成一体,更多的可以被想当然,更多的可以被分享。这是一个变动不居的比率,一个永不会达到恒等的比率。但是这里有运动、有变化、有预示。

　　田野工作,是一个交流的阈限模式的主体间建构的过程。互为主体,字面上理解,不止一个主体。但其所处的背景既不完全在这,也不完全在那,所涉及的主体没有共同的假设、经历和传统。他们的建构是公共的过程。本书的大部分都在关注我和那些摩洛哥朋友们为了交流,而逐渐建立起的这些对象。一个中心主题就是,交流常常是艰苦而局部的。另一个同等重要的主题则是:它并不完全是模糊不清的。它是这些极点之间的辩证过程,总是被重复,却从不完全一样。而这正是田野工作的主要组成部分。

　　总而言之,现在,我们可以这样说了:

　　第一个我与其有一些持续接触的是法国人莫里斯·理查德。欧洲人进入塞夫鲁地区,固定的第一步是留宿于他的酒店(尽管最近摩洛哥政府开办了一所豪华宾馆)。知道与他的客人不会长期相伴,他形成了一种快乐的、善意的个人性格,但当他越来越孤立时,这种善意便越来越不那么令人信服了。因为没有语言障碍,和他的交流是即时的。他也渴望与人交谈。作为所有其他塞夫鲁群体的局外人,他对每一群体都有着有趣的印象模式,并急切地希望以此换取一个被接纳的微笑。然而正是这种急切性,也揭示了他的局限性。他只能提供通向过去——那些殖民主义时代——的入口,他位于塞夫鲁社会的边缘地带。他的角落很容易接近,但它揭示的仅是摩洛哥社会的边缘。尽管这个"主体"能够为访谈提供充足的材料,但它实际上正处于永远消逝的过程之中。我的计划将我引向了别的方向。

易卜拉辛处于法国与摩洛哥社会之间缓冲地带的另一边。他成熟于保护领地日渐式微的时期,靠巧妙地周旋于不同的社会圈子之间而谋生,对于他自己究竟站在哪一边却从不糊涂。他专门为外部消费提供货物和服务——它们被小心地包装着。他是通向塞夫鲁社会道路上的向导。他的游历对理解新城区非常有帮助,但其帮助也只能止于阿拉伯人聚居区的城墙。尽管易卜拉辛非常谨慎,但我对"他性"理解的第一个重大突破,还是来自于他。这个外部的专业人士,依然是个摩洛哥人。

指引我穿越塞夫鲁的阿拉伯人聚居区和摩洛哥文化过渡地带的,是阿里。和他的接触,是我同塞夫鲁建立更为密切关系的第一大步。在他自己的社会里,他的身份是漂移不定的,在城里过着仅能糊口的日子。他是个耐心、好奇、极具想象力、敢于冒险、有着漂亮外貌但常被理解为冷血的家伙。我和阿里的友谊,使摩洛哥文化成为我直接的、活生生的体验。他拒绝一种特定的生活方式,但却没有其他的摩洛哥方式以供选择。他对村庄生活的批评是尖刻和直接的,但都是局内人的自我嘲笑。

阿里也受制于他的力量。他的行为和对抗性,使他俨然成为村庄的弃儿。在整个田野工作经历中,他不断提供给我的那些洞察和指引,是极其宝贵的。他心照不宣,机敏地运用村民的禁忌和弱点来反对他们。阿里是局内的局外人。他独一无二的位置和煽动性态度,不时地将我从僵局和集体抵制中拯救出来。然而,阿里现在已经处于村庄事务之外,基本上不再接触内部事务。在日常层面,他提供不了多少帮助。当然,在关键性地方,他还是值得信赖的。

这样,正如理查德位于两个法国社区之间,易卜拉辛处于法国和摩洛哥当地新城区的群体之间一样,阿里则处在阿拉伯人聚居区的流动人群和他出生的圣人宗族村庄之间。他们都是边缘人,都能为从群体到群体,从调查点到调查点的过渡提供帮助。

在西迪·拉赫森之内,形势得到更为严格的掌控。社区心照不宣地(有时则是明显地)试图将人类学家置于他们的控制之下。最初和我一起工作的两个年轻人就是很好的例子。麦基,我的第一个资讯人,来自阿里所在的支系,曾逐字逐句地向我转述村民们所施加的压力。没有家庭负担或工作限制,他急切地追求着对于别人来说焉知祸福的东西。不幸的是,他缺少智力和想象力来将自己的生活世界客体化,并将其呈现给一个外国人。这是一个不可逾越的障碍。拉什德,我的第二个资讯人,完全不同于麦基,但这也是他的问题所在。他想象力丰富,精力充沛,好奇心强,聪明。他和阿里一样,也属于漂移一族,唯一的区别是他的经验在本质上受到村庄生活的限制。他原本可以成为,并且(时不时地)曾经是,一个绝对重要的资讯人。但是,又和阿里一样,他引起了社区强烈的不满。他的话引起惊恐。因为每一个人,包括他的父亲,都想方设法让他闭嘴。由于我的出现来意不明,他们希望能够控制我正在收集的信息。拉什德知道许多,并且急于透露给我。正如摩洛哥谚语所言,"无耻之人,为所欲为"。所以,那些对合适言行没有把握尺度的人,必须受到强制控制。拉什德不像阿里那样具有权力基础,背后也没有其他的"王牌"可以打。总之,他不得不屈从于社区的禁令。但一有机会,他还是会以越轨为乐。

马里克为我和社区都提供了一个优秀的折中范本。毕竟,我强行打开了通向西迪·拉赫森的通道,村民们也担忧我的到来会搅乱他们的宗教。因此,找一个处于最受尊敬的圣人支系的边缘人,来担任我的核心资讯人,是再合适不过了。这个群体的族内婚的比例相当高。但马里克的父亲所娶的妻子不仅来自其支系之外,而且来自村庄之外。其后果就是,他虽然情感上强烈地与核心群体紧密联系,但他还是结构性地处在边缘——他为此付出了过多的代价。

他是正统的完美代表。他自豪于他的传统,却不能为自己找到一个对应的传统角色。他对自己作为*法奇*的地位缺乏耐心,但对高大的自我形象的追求却屡屡受挫。他是一个因循守旧者,但却无循可因,无旧可守。他被证明是最能代表社区说话的人。他所在支系的长者们,准许他同我工作。军官拉拉维,村庄最有权势的人,也同意了。他们知道他值得信赖。

马里克,像易卜拉辛一样,具有自制力,有条不紊,并有所保留。但他没有像他那样,靠外部关系得到谋生的职业。马里克依然据守在乡村世界。他原本可以成为易卜拉辛在内部世界的对应者,但这样的角色并不存在,他不得不走一步看一步。但是,他的"印象管理"与阿里、拉什德和其他人的讲述之间,存在着持久的张力。他试图小心翼翼地避开敏感地带,但一旦受到挑战,就会让步。除了最初的时期,他极少发起话题。后来,他愈来愈依赖于我,远胜于我依赖于他。这有助于我理解他其实在敏感方面缺乏持续的抵抗力。毫无疑问,易卜拉辛可不会如此轻易地屈服。

马里克在休息。

本·穆罕默德说:"想
交朋友的愿望会迅速
增长,但友谊不会。"

与资讯人关系的政治维度的许多方面,都由于德里斯·本·穆罕默德对"主人"角色所作的坚持而被排除了。这也最终建立了我们对话的基础。本·穆罕默德内在于摩洛哥传统文化。在这个当代社会,他返而求诸 17 世纪的圣人——他的祖先的指引。他坚信,伊斯兰教的至高无上是最终的、无条件的。

这种隔离我们的绝对分歧,到我居留的最后阶段才被公然承认。那时,我们已经成为了朋友,彼此尊重,互相信任。我们两人都很清楚情境的局限性。对他而言,我是一个来自主导文化的富有成员,而他对这种文化持有最深刻的保留。对我来说,他为一个文化大同的复兴而奋斗,而那是我不再沉迷而且也根本不可能支持的。但友谊淡化了分歧。到这里,我们完成了一个周期的循环。两个主体相视,每个人都是那个自己所处的并限定了自己的历史传统的产物,每个人都意识到自己传统中存在深刻的危机,但依然回溯传统,以期复兴,或是寻求慰藉。我们两人相互之间是那种深层意义上的他者。

我希望到摩洛哥来遭遇他性,而自己在"我文化里是具有典型性的"(换句话说,"我文化"的若干部分,我是可以接受的)。本·穆罕默德愿意和我进行这类对话并且不失身份,令人印象深刻。无休止的、披着科学外衣的漫游将我带到了这个摩洛哥山村。本·穆罕默德追寻着改革者圣人的智慧,也愿意甚至渴望告诉我他的一切。通过相互对视自我的位置,我们的确建立了接触。这也凸显了我们基本的他性。隔开我们的,基本上是我们的过去。我能够理解本·穆罕默德,但只能到他理解我的那个程度——也即,局部地理解。他和我一样,并非居住于一个他性恒久不变的水晶世界。他成长于一个能够为他的生活世界提供有意义的但仅仅是部分令人满意的解释的历史性环境。我也如此。我们的他性与其说是一种不可言说的本质，毋宁说是不同历史经历的总和。不同的意义之网分割了我们，但现在，这些意义之网至少部分地互相缠绕在一起。只有当我们意识到差别，当我们对传统赋予我们的象征系统保持扬弃式的忠诚，对话才成为可能。靠这样做，我们开始了一个改变的历程。

跋

　　一个人把对对象的研究作为研究对象，让自己失去或显或隐地选用小说家方式对具有魔力的经验进行创造的机会，并且破坏对于异国情调的幻想；他把解释者的角色转变为针对他自己，针对他的解释——这是要把通常被建构为被秘密和神秘所包围的、作为人类学职业的入行仪式的田野作业转化到它的适当维度：一种对社会现实的表征进行建构的工作。这种以一种明显的自恋面向自我的转折，本身是一种与文学灵感迸发之自我满足的决裂，不仅如此，它远不是导致什么私下的坦白，代之的是对求知主体的一种对象化。但是，它标志着另一种更具有决定性的决裂，即与关于科学工作的实证主义观念决裂，与对"天真的"（naïve）观察的自满态度决裂，与对尼采所谓的"纯洁受孕的教义"（dogma of immaculate conception）的毫无杂念的自信决裂，与不考虑科学家，而把求知主体降低到登记工具的科学所依赖的奠基思想决裂。它还包括另外一个从心理学来说无疑是最困难的决裂，即与克利福德·格尔茨所展现的"精致化的实证主义"（refurbished positivism）标志的决裂，与格尔茨的写作风格所展现的全部诱惑的决裂——通过格尔茨对他所谓的"深描"（thick description，借用赖尔的思想）的褒奖，以及对特殊性和"地方性知识"（local knowledge）之地位的提升，这种风格已成为美国年轻社会学家学习的典范。

如果一个人没有认识到，通过把科学家变成解释的逻辑法则（如亨佩尔与内格尔所确立的）和允许确定性的证伪标准的无懈可击的仆人，实证主义科学哲学既让科学家靠边站，又把他高高挂起，免疫于即使是他自己的批评，那么，他不可能理解某种程度上抹杀了科学家的实证主义哲学的社会性成功。确实要问，为什么这些年轻的研究生——他们是来自那些声名卓著的人类学系并对他们的教授的"规范科学"（normal science）满怀热情的新手——把关于对象的知识建构过程作为他们的对象，或者更准确地说，反思他们自己的知识活动的实践的和客观的条件？他们为此不得不质疑他们自己的权威；这种权威依赖于那种集体信仰，即每个人都有的对于既定方法论之精确程序和享有崇高威望的前辈的神圣化了的榜样的信心，以及在关于他们是谁并且不得不是谁的问题上他们自己的自我形象、他们的观念（与他们自己的"天职"一致），特别是在他们与"田野"的关系这个如此令人焦虑的问题上。

十年之后，人们或许会吃惊于这种情况，即必须提醒人们，事实是人为的、编织的、建构的；观察不是独立于理论的；民族学家和他的资讯人在解释工作中是合作者，资讯人按照一种完全特殊的修辞方式将他们创设的"解释"提供给民族学家，这种解释是随着他们关于各种随机因素的观念而变化的，而且，以一种真正理论性的努力为代价，它暗含了由问询情势本身导致的一种特殊地位的预设。人们还会吃惊于——特别是在法国，学术传统承担着非常不同的认识论积累——这些对人们的提醒在美国产生了如此巨大的影响，再考虑到它们遭遇到其他领域同样的反思性的和批判性的倾向,就更显得是如此了。然而,正如通常处理这些事情的时候会涉及比认知上的理解更多的东西一样,我们绝对不要太快地相信自己的理解力。在这个意义上,对一系列经验的讲述,在与一种认识论的反思相联系的条件下得以建构,产生了一个人不可能从由施莱尔马赫、狄尔泰、伽达默尔、利科和许多其他的理论家构成的传统中的学术解释里得到的洞见。这一传统曾经由彼得·松迪(Peter Szondi)加以梳理,它作为一种注释活动,与讲经(lector)这种典型的学术活动一样古老。一个资讯人是什么?当他向人类学家组织关于他自己的世界的表述时,他到底在做什么?他与人类学家合作,表述他自己的世界,关于这一表述,他永远也不能清楚地知道其提供信息和编码的图式究竟是从他自己的传统中独具特色的认知结构系统中借用来的,还是从民族学家的系统中借用来的,抑或是从遭遇双方的集体分类编码的无意识协商结果的混合物中借用的。不是询问关系本身通过创造一种理论追寻的情境——在这种情境中被追问者追问他自己那些在那一刻之前其实是没有疑问和不证自明的问题——从而创造了一种本质上的改变吗?这种改变能够在所有积累起来的观察中引入一种偏见,它比种族中心主义造成的全部扭曲现象都更具有戏剧性。为了观察这些具有决定性的问题,当然还有许多其他的问题——它们是在一种人类学话语的建构中被提起并以它们全部的复杂性呈现出来,一个人只要依次反复研读作者对一系列不可预测的遭遇的表述:法国人莫里斯·理查德,满腹对殖民统治时代的怀旧意识;易卜拉辛,先就具备与外部世界协商关系的倾向;阿里,作为边缘人,他的不固定的位置使他成为在某种意义上理想的资讯人;麦基,被他的群体预设为保护群体边界的人;如此等等——每一个人类学家都会认为这些人物是熟悉的,既然他们被置于关系空间中的那种战略位置,这是一个人能够与他自己的社会所保持的关系,而外来观察者的在场则揭示了这一切。

我很希望大家能认真读一读这本书;不过,在结束此文之前,我还想提一下皮亚杰(Jean Piaget)所贡献的一个观点。在与保罗·拉比诺提起的相似情境中,皮亚杰的话经常回到我的脑子,也正如拉比诺对民族学家和他的资讯人之间的关系的分析所揭示的,"在很大程度上,并不是儿童不知道如何说话:他们尝试着许多语言,直到发现了他们的父母能够理解的那种。"当所有的民族学家都理解在他们的资讯人和他们之间正在发生某种相似的东西的时候,民族学将取得一个巨大的进步。

皮埃尔·布尔迪厄

英语版译者:米亚·富勒(Mia Fuller)

参考文献

理论性文献

Berger, Peter, and Thomas Luckmann. *The Social Construction of Reality*. Doubleday, Garden City, New York, 1966.

Duvignaud, Jean. *Le Langage Perdu*. Presses Universitaires de France, Paris, 1973.

Geertz, Clifford. *The Interpretation of Cultures*. Basic Books, New York, 1973.

Ricoeur, Paul. *Le Conflit des Interpretations*. Editions du Seuil, Paris, 1969.

Sartre, Jean-Paul. *Saint Genêt: comédien et martyr*. Gallimard, Paris, 1952.

Schutz, Alfred. *On Phenomenology and Social Relations*. University of Chicago Press, Chicago, 1970.

人类学田野工作文献

Beattie, John. *Understanding an African Kingdom: Bunyoro*. Holt, Rinehart and Winston, New York, 1965.

Berreman, Gerald. *Behind Many Masks: Ethnography and Impression Management in a Himalayan Village*. Society for Applied Anthropology, Monograph No. 4, Ithaca, 1962.

Beteille, Andre, and T. N. Madan:*Encounter and Experience: Personal Accounts of Fieldwork*. Vikas Publishing House, Delhi, 1975.

Bowen, Elenore Smith. *Return To Laughter*. Gollanz, London, 1954.

Briggs, Jean L. *Never in Anger:Portrait of an Eskimo Family*. Harvard University Press, Cambridge, 1970.

Casagrande, Joseph(ed.). *In the Company of Man*. Harper and Row, New York, 1960.

Craponzano, Vincent. *The Fifth World of Foster Bennett: Portrait of a Navaho*. Viking Press, New York, 1972.

Golde, Peggy (ed.).*Women in the Field: Anthropological Experiences*. Aldine Publishing Co., Chicago, 1970.

Kimball, Solon, and James Watson. *Crossing Cultural Boundaries: The Anthropological Experience*. Chandler Publishing Co., San Francisco, 1972.

Malinowski, Bronislaw, *A Diary in the Strict Sense of the Term*. Routledge and Kegan Paul, London, 1967.

Maybury-Lewis, David. *The Savage and the Innocent*. World Publishing Co., Cleveland, 1965.

Middleton, John. *The Study of the Lugbara: Expectation and Paradox in Anthropological Research*. Holt, Rinehart and Winston, New York, 1970.

Powdermaker, Hortense. *Stranger and Friend:The Way of an Anthropologist*. Norton, New York, 1966.

Read, Kenneth, *The High Valley*. Scribner's, New York, 1965.

Spindler, George, *Being An Anthropologist*: *Fieldwork in Eleven Cultures*. Holt, Rinehart and Winston, New York, 1970.

附录

《象征支配》译介

王玉珏

　　《象征支配：摩洛哥的文化形态和历史变迁》[①]一书是拉比诺1968—1969 年在摩洛哥田野工作后撰写的民族志，这本书 1973年面世。作为一本出色的民族志，它通过周到的历史关怀，以行动者为导向的视角以及象征符号的历史串连将摩洛哥数百年中符号意义与政治、经济和生态意义栩栩如生地展现在我们这些遥想着"远方的文化"的读者面前。在这样一本出色的民族志问世后，拉比诺在人类学史中的地位尚只是一个不错的人类学者，正所谓"有心种花花不开，无意插柳柳成荫。"拉比诺两年后将他的此次田野经历整理问世，书名为《摩洛哥田野作业反思》，却获得了超出预期的反响，以此奠定了他在人类学史上的开创性地位——以"交流的民族志"来"通过对他者的理解，来绕道理解自我"。因此，或许我们更青睐于《摩洛哥田野作业反思》那种将田野经历视为一种文化活动的开创性见解；然而再读《象征支配》一书时，我们却总能欣

---

　　① *Symbolic Domination：Cultural Form and Historical Change in Morocoo*. 1975. Chicago：University of Chicago Press.

喜或者说惊喜地发现这其中已经包括了作者渴望创新和尝试的更为雄心勃勃的念头，它也能让我们有一个更亲密的接触拉比诺思想世界的机会，这大概才是我们无法忽视他的民族志而仅从他的田野经历中来领会他的原因所在吧。

在这本以摩洛哥的历史作为背景的民族志中，拉比诺所描述并试图讲述的问题并非现代如何颠覆了传统；传统是一幅流动的图景，在数百年的历史变迁中，摩洛哥文化始终充满活力并为解释世界提供了一个有意义的框架。在摩洛哥，社会文化的变迁并非以一种蛙跳的形式或是一种暴风骤雨的形式进行的，而是缓慢地在不同的群体和个人间以不同的形式和速率发生着。帝国主义对非西方社会的暴力征服引发了一系列文化秩序的解体和重构问题，在阿尔及利亚，法国人的殖民入侵强烈持续地改变了这个国家的经济、社会和文化结构；摩洛哥的情况远没有那么严重，前保护领地时代高度整合的文化和政体有如免疫系统一样顽强地抵抗着外部势力的入侵。拉比诺选取了摩洛哥境内的一个名为西迪·拉赫森的村庄，他以村庄内各方在象征支配主导权的演变为轴，试图在大的社会历史背景下为我们解析文化、社会和政治这几种变量之间的关系。

苏丹制的出现

1—12 世纪，柏柏尔人建立的穆拉比德（Almoravids）王朝和阿尔穆瓦西德（Almohads）王朝通过强大的军事力量统一了摩洛哥全境，自此以后，在这片土地上再也没有出现过具有强大的中央控制力以及具有合法性的王朝。在相对稳定的年代之后紧随着的是一段无序的岁月,这样的状况一直持续到 15 世纪欧洲的海上力量到达摩洛哥海岸的那一刻。基督教徒的出现深深地震动了这个穆斯林国家,摩洛哥人为此倍感羞辱,对"穆斯林"身份的自我认同开始成为一个受人关注的问题被放到了台面上。在此后几百年的历史进程中,象征归顺(symbolic submission)以及对这种归顺的激烈抗拒成为摩洛哥历史中的一个中心主题。

早期入侵摩洛哥的殖民者主要是葡萄牙人,他们的影响在 15 世纪下半叶达到了顶峰。这时,他们不仅控制了港口,还以宗主国的身份与许多内陆地区建立了联系。葡萄牙人的入侵是怀着最易为人所理解的"帝国主义"目标,他们希望从摩洛哥获得港口、小麦、动物和贸易。在接下来的世纪中,葡萄牙人对摩洛哥的影响因为他们将注意力和能量转向其他地方而日渐式微。不过葡萄牙人的离去却并没有使摩洛哥境况有所好转,经济的失败表现为城市生活水平下降和经济收缩,与之相伴的是不同的群体以各种形式组成了许多强有力的政治组织。各种政治危机此起彼伏,在 16 世纪后半期,主战派圣者、圣人、狂热分子及奇迹创造者开始纠集各部落以对抗异教徒和之前主政的萨阿迪亚(Saadian)政府,导致了所谓的"伊斯兰教隐士(Maraboutic)危机"。在这场危机中,来自塔菲拉勒特(Tafilelt)地区先知穆罕默德的后代阿拉维特苏丹取得了最终的胜利,他成功地压制住了其他重要的政治团体并得到他们的承认,建立了属于自己的王朝。随后阿拉维特创立了一套强有力、高度集权并具有合法性的制度——苏丹制。在苏丹制中,其他政治群体必须将其关系界定为与阿拉维特苏丹的关系,尽管这种关系的内容在不断变化,但由阿拉维特创建的基本的政治秩序仍然"存活"着,它基本的合法性难以动摇,从 17 世纪中期开始,苏丹制成为了摩洛哥政治秩序中的一杆"标尺"。

阿拉维特同样也创造了一种新的宗教秩序的运行方式。一方面,传统的由个人超自然力量主导的宗教运行模式仍然在起作用,许多非凡的个人被视为拥有神圣的力量;另一方面,宗教力量和权威的世袭传承也日渐盛行,并逐渐成为摩洛哥社会宗教运行中的主导模式。在这种模式中,那些圣人的后裔被认为拥有更多的宗教力量和权威。在苏丹制中,苏丹不仅仅担当了政治角色,他也扮演着宗教的角色,苏丹同时又是哈里发,这点为他政治地位的合法性提供了又一层佐证。由于并非每一个圣人都是哈里发,许多圣人的后代试图通过声称他们的祖先是哈里发来增加巴拉卡,为此,他们需要得到苏丹签发国书给予的合法性证明。在这种模式中,中央机构和地方势力在政治领域相互作用,中央政权期望在地方层面加强其权威,地方势力也希望从中央机构处获得象征支持以进一步巩固其地位,这构成了一种制度与象征的联姻。关于宗教力量的象征符号和它的传承模式的一致性奠定了摩洛哥文化在晚近三百年来延续的根基。

拉比诺似乎不想让他的民族志陷入枯燥的文本诠释中,他在接下来的篇章中选取了17世纪摩洛哥宗教兄弟会的两个重要实例来表述对这种存在于宗教与政治之间互动关系的含义和动因的可能性解读。位于摩洛哥北部的埃尔-迪拉的兄弟会成立于16世纪中期,它在成立之初并无政治野心,它的领袖们愿意服从萨阿迪亚所领导的政府政治或精神上的权威以及主张向葡萄牙人发起攻击的主战派圣者。此后,随着财富的增加,其领袖的野心也随之不断膨胀。1646年,他们在赛斯平原打败了萨阿迪亚的军队,赢得了一场关键性战役的胜利,从而实际控制了摩洛哥北部。然而这样的统一非常短暂,来自统治地区的叛变很快瓦解了它的根基,1668 年,埃尔-迪拉被彻底打败。自埃尔-迪拉的兄弟会失败开始,尽管兄弟会仍然能够影响摩洛哥,但他们已经无法缔结新的朝代或诞生出新的统治者了。拉比诺引述的另一个例子是位于南部泰姆格鲁特的兄弟会,泰姆格鲁特在政治上没有大的野心,它在坚持宗教主导的同时小心翼翼地用"艺术性"的手法避免挑战中央政权。在他们看来,中立和独立意味着"在阿拉维特苏丹的同意下仅仅为宗教的目的而存在"。虽然相对贫困,泰姆格鲁特仍然成为了南部一个较为活跃的宗教中心。

西迪-马苏德是一生都在不断行走的圣人,他几乎没有停顿下来过。他多才多艺,是诗人、神学家、辩论者,也是法学家和自传作者。在马苏德的一生中,他匆匆的脚步从一个兄弟会赶往另一个兄弟会,从一个圣人的陵寝行走到另一个圣人的陵寝,他倾听他人的故事,收集圣人的宗谱,他生活在虔诚的仁爱之中。多年艰苦漂泊的生活塑造了马苏德的性格,他混有诗者的视野和几近固执的严厉。他师从一位传授逊尼派正统观念的神秘圣人并生活在"奇迹"的氛围里,在他的世界中,只有安拉是神圣的,他的基本信仰来自伊斯兰教和生活在摩洛哥的人们。马苏德一生中历经了四个朝代,他终生逃避政治,戏称"三件事与信任无关:*海洋,时间和君主*";他也会反抗政治,在临终前还曾写了两封信给苏丹穆莱-伊斯梅尔(Moulay Ismail),提醒他不要忘记自己听命于安拉,并警告他不得狂傲和滥用武力;这位柏柏尔学者也曾服从于阿拉维特苏丹的权威,他请求并接受了苏丹的敕命,以便让自己具有合法的哈里发身份。在获取了这种合法身份后,他又一次远离了政治,回到了中特拉斯山脉地区。

圣人拉赫森的传说

圣人西迪·拉赫森据传被埋葬在以他名字命名的村庄内一个用绿瓦修葺的大坟墓里，他的后代"乌拉德"声称继承了他的神赐恩典，他们被视为圣人坟墓的保护者和圣人巴拉卡的守护人。当地村民也许无法向你描述他们先辈生活年代的历史背景，却能津津乐道地讲述他的传奇故事。在村庄内，关于圣人拉赫森的传说以一种标准化的简洁版本流传。

拉赫森是圣人西迪·马苏德的儿子，他在很小的时候就离开了家。拉赫森最早到了埃尔-迪拉，随后又来到了泰姆格鲁特，在泰姆格鲁特，他找到了兄弟会的领袖西迪-本-纳斯尔（sidi ben nasr）。当时纳斯尔身患重病，伤口化脓并散发出阵阵恶臭，其他的学生都拒绝走到他的枕边。拉赫森则大胆地走到了他的跟前，自愿提出要帮他洗衣服，他将满布病菌的衣服拿到了河边。在河边，拉赫森不仅清洗了衣物并且喝下了清洗衣物过后散发出恶臭的水。当拉赫森决定离开泰姆格鲁特的时候，纳斯尔用骡子将他领出了自己的地界，在地界的边缘，纳斯尔送给了拉赫森一件礼物并祝他好运。

苏丹阿拉维特得知拉赫森是一个伟大的学者后，便邀请他来都城梅克内斯。圣人发现苏丹的工匠正在修建一道绕城的加固城墙，他们已经疲劳至极并请求拉赫森为他们求情。从那天起的每个晚上，拉赫森都会摔碎盘子，苏丹对此极为恼怒，要求拉赫森离开梅克内斯，圣人答应了，他将他的帐蓬建在了梅克内斯城边的一个公墓上。闻知此事后，苏丹来到了公墓并质问拉赫森为什么不服从他的命令,圣人用嘲笑的口吻答道:我已经离开了都城,现在身处安拉的城市中,如果苏丹认为公墓在他的领地内,他应该告知他的臣民。苏丹尝试了一下,失败了。拉赫森嘲笑他,并大声叫道"和平与你同在",这时墓石也回应道"和平与你同在"。一股强烈的受辱感从心底涌起,苏丹举起他的刀,想杀拉赫森。顿时他的手被冻结,座骑消失于地下,恐惧布满心头,苏丹请求拉赫森饶命并愿意将王国拱手让出,圣人拒绝了后一个请求,他让苏丹颁布一道赦令,释放所有的哈里发。手持这份赦令,拉赫森离开了梅克内斯。

圣人继续前行,他先后来到了圣哈加和阿扎巴,最后来到了艾特优素部落的村庄坦扎兹特(即拉赫森村庄的前身),并决定定居于此。优素部落为了迎接圣者的到来,举行了一个大型会议,部落内的各派达成一致,同意从每户中选出一个人到坦扎兹特安家,他们建立了一个由"乌拉德-阿巴德"人组成的村庄,整个村庄的人拥有共同的起源。阿巴德人知道安拉派遣给他们一个伟大的圣者,他是部落的骄傲,村庄每年都要为他举办两次缪兹仪式,一次纪念他的出生,另一次则为他的过世而举行。

据说拉赫森初到坦扎兹特时,阿巴德人走到他跟前并递给他两个碗,一个盛满了牛奶,另一个盛满了水,他吩咐阿巴德人将两种液体混在一起,然后将其分开,他们的尝试都以失败告终。此时,拉赫森告诉他们,他的后代与阿巴德人后代的关系就如同牛奶和水一样,永远不会分离,拉赫森还承诺即使阿巴德人的后代蠢笨如驴也不会受到欺负,拉赫森将会照顾好他们。

一段时间后,阿巴德人与拉赫森的儿子之间产生了争斗,拉赫森非常生气,他发出诅咒,将阿巴德人全部杀死,只留下了一人,这个人就是现今阿巴德人的祖先。他与拉赫森签订了一个协议，协议规定他们的后代平等但拉赫森有权管教阿巴德人的后代。

拉赫森的传说由许多具体的细节和片段构成，每一部分都"聚焦"某种非常重要的特殊象征物，如巴拉卡、哈里发身份等。如果我们从更广阔的视角来理解象征物，会发现它们构成了将圣人后裔的文化身份包容在内的宗教秩序。在这样的宗教秩序中，圣人拉赫森的后裔"乌拉德-希耶德"占有这些象征物，希耶德人拥有神赐恩典巴拉卡并且是哈里发。圣人拉赫森的传说可以被解读为确定其后裔在地区中地位的"文化地形"，在这样的"地形"中，圣人的传说被视为其后裔希耶德人寻求对非圣者后裔的阿巴德人合法性控制的一种手段。希耶德人对阿巴德人的合法性控制并不是说他们拥有更多的社会和经济权利，而仅仅是一种象征性特权。

传说的首个情节里讲述了拉赫森出生于一个柏柏尔人家庭的事实，这说明他并不是从诞生那一刻起就是哈里发。根据定义，哈里发是指先知穆罕默德的男性嫡系后裔，更确切地说是他的养子。这时的摩洛哥社会存在着两大哈里发集团：哈里发德里西和阿拉维特，此外还有成百上千的其他群体，通常是圣人的后代，他们自称为哈里发。在摩洛哥，哈里发并不意味着一个社会等级，一个阶级或一个合作群体，它无关肤色、权力和财富，它也不包含任何事先给定的身份而看起来更像是一种事后认可。在拉赫森村庄内，尽管村民乐于接受每个人都是穆斯林的事实，可在他们的眼中，哈里发与非哈里发之间依然存在着根本的不同之处，哈里发比非哈里发更为优越，因为他们通过中间人圣人拉赫森与真主靠得更近。在人们看来，哈里发时常会表现出一些特定的性格特征，他们易怒、善变并偶尔会有冲动的举动，这些特质使他们受到人们的尊敬甚至是恐惧。

哈里发身上的这些特质是如何传承的呢？许多村民相信它们是通过血统传承，因而哈里发与非哈里发不应该通婚以避免"冲淡"了血统。而更为常见的一个回答是：哈里发之所以为哈里发并不存在任何理由。拉比诺对此也有自己的解读，他认为哈里发的"特别"与"权利"是通过跟哈里发身份有关的象征物来传承的。哈里发所拥有的巴拉卡的最初来源是个人超凡的领导力，这种超凡的力量将一系列构成和表达巴拉卡概念并在世上将它显现出来的象征物连接在一起，在象征层面完成了对这种超凡领导力的"常规化"。经由这些象征符号，"神圣"得以传承，它们界定和划分出了共享"神圣"符号的群体。而苏丹阿拉维特的出现改变了这样的规则，他成功地创造了将象征物的合法性与新的社会角色这两者的传承方式结合在一起的新方式，在宗教和政治领域为个人超凡领导力的证明提供了一种新的"事后证实法"。

在"拉赫森遇见苏丹"这个情节中，象征支配和顺从的主题成为了事件的中心。拉赫森作为一个伟大的学者和圣人，他需要从苏丹阿拉维特那里获取他身为哈里发的合法性证明。为此，他小心翼翼地界定着他愿意在政治方面让步的尺度并强调安拉而非苏丹才是最高统治者。拉赫森的做法并不意味着苏丹的政治权威受到了威胁，恰恰相反，这标志着苏丹的合法性支配的范围已然形成。

在摩洛哥，合法性的基石以及个体超凡领导力的来源是巴拉卡，它作为象征物阐述并传达了摩洛哥话语概念中对神赐恩典和超自然力的理解。巴拉卡可以以任何具体的形式存在，它可以指人、国家、地点，也可以指庄稼的丰收、健康的身体和一顿可口的饭菜。巴拉卡与美好的事物相连，并能带来更多美好的事物。神通过巴拉卡证实自己的存在，如传说中拉赫森寻找定居地时，一个非常重要的考虑因素就是居所附近是否有水源，干净、寒冷、丰富并流动着的水源被视为当地存在巴拉卡的标志，水是圣人的必需之物，它象征着神的恩赐和慷慨。在拉赫森的传说中，巴拉卡主要表现为个人尤其是杰出人物的品质，这点在"拉赫森与纳斯尔相遇"的情节中最为突出。拉赫森通过展现无畏并不加质疑的忠诚和顺从，从纳斯尔那里获取了巴拉卡，他的性格和勇气显示出他是一个拥有伟大巴拉卡的人，他因而超越了他的同伴，最终通过顺从获得了支配。他来泰姆格鲁特时是一个学生，离开时却已经成为了圣人。神赐恩典通过不寻常的忠诚、归顺、勇气、力量和性格等表现出来，这些品质在世间的表现形式又被人们以巴拉卡来象征化，神赐恩典和超自然力通过巴拉卡作为象征载体以无数种具体的形式在世间表现出来。此外，巴拉卡也是无法预知或是能够理性地控制和解释的，当它出现时，有人厌恶，有人惊恐，也有人敬畏，这种神圣的力量及其存在也可以被视为神赐的丰厚赠予的来源或是一种难以驾驭的毁灭力，传说中"圣人杀害违抗其命令的村民"的情节体现了这种令人恐惧的力量。

契约在摩洛哥社会关系中无处不在，社会关系中的契约基础构成了它们的合法性基础，在传说中，圣者通过契约的方式建立起对当地居民的象征支配。拉赫森初入坦扎兹特的过程以及他与优素部落确立关系的谈判成为了传说开头部分的焦点，此外还有圣人与苏丹关于其身份合法性及与阿巴德人关于圣人后裔身份和地位的谈判。通过谈判订立的契约需要双方都能遵守并履行其义务，一旦一方无法继续维持，则需要订立新的契约。

拉赫森的传说可以被视为当地的象征地图,决定它的主要因素是语言,圣人只考虑定居在讲阿拉伯语的村庄,另外两个有重要影响的因素是村民的性格和村庄的地理方位。圣人最后选择定居在坦扎兹特村,这里有友好的村民,他们热切渴望获得伟大圣人的巴拉卡,村庄内还有丰富的冷水源,并且他们与圣人的谈判也进展得相当顺利。在拉赫森的整个传说中包含了与支配的合法性要求相关的全部要素:圣人、土地、居民、社会和生态因素、神圣恩典的本质以及发生在苏丹与圣人之间的历史性冲突。

冲突与调解

拉比诺接着为我们展现了 19 世纪末 20 世纪初法国殖民统治建立前的那段动荡历史中拉赫森村庄的社会、政治和经济轮廓。

摩洛哥历史上的中心问题之一是对迈岑(bled l-makhzen)和希巴(bled s-siba)的划分,前者被定义为苏丹或政府的领域,后者通常被视为冲突的领域。法国当局和学者关于二者的标准定义认为它们是两种包含了独立统治机构的相对地域,前者由中央政府控制而后者完全独立于政府之外,尽管后者也认可苏丹作为伊斯兰社会的领袖。通俗的看法是,"政府的领域"在平原或草原地带,为阿拉伯人所占有;"冲突的领域"在山脉地区,主要居住着柏柏尔人。在政府控制的地域内,"中央集权政体的统治者被认为应该拥有绝对的政治权力,在这样的体系内,命令、权威和控制的传达相对简单直接";在冲突的地域内,柏柏尔人由民主议会的长者统治。

拉比诺借用奥班 1903 年发表的著作《摩洛哥的今天》(*Le maroc d'aujourd'hui*)将冲突的动态过程清楚地描述出来。自 17 世纪阿拉维特王朝建立起,苏丹开始掌控了摩洛哥,此后的年代,评判一个部落是"迈岑"或"希巴"的检验标准有三条:部落是否向苏丹纳税,是否为苏丹提供人手以及他们是否愿意将境内的安全通道对苏丹及其使者和被保护人开放。这并不是一个简单的模式,它的问题在于特定的时间内参与"演员"在相对力量上的对比程度,有的部落能够在一段时期内满足政府的所有要求,另外一些部落则有足够的力量长时期对抗政府。部落与政府在具体义务,如武器、金钱、人力以及象征支配上的关系处于持续不断的界定中,这种关系随着双方在财富上的此消彼长而改变。

在摩洛哥成为法国的保护领地前,连接部落和政府的一个基本制度是奎德制。奎德从各个部落中挑选,通常是该部落中有权势和影响的人,他们作为政府的代表被派遣到相应的部落。奎德的力量和地位随中央政府与部落之间实力对比的变化而改变,这种持续的变化影响了一种稳定结构模式的形成。奎德的重要性从他们的职责中可以略见一斑:征税、提供士兵以及保证境内安全通道的畅通无阻。作为回报,政府以"默许不干涉"的态度对待奎德所在部落的内部事务。以奎德为中介,政府希望从各个部落处攫取尽可能多的金钱和人力以削弱他们反抗的资本,这些财物与人力也可以维持政府的象征支配并增加其财富、权力和名望。这种"掏空各部落"的观念是冲突的基本要素,拉比诺称之为"繁华后的叛乱"。

从 19 世纪末至 1912 年法国在摩洛哥建立起保护领地的这段时期被称为摩洛哥历史上的前保护领地时代,这段时期内的摩洛哥现实政治处于混乱状态,部落与政府、部落之间乃至部落内部的斗争此起彼伏,政府作为博弈的一方,经常通过支持一个部落对抗另一个部落来获取最大的政治利益,各个部落也会根据自身的实际利益选择投靠政府或者是与之对抗。然而这个时期的政治秩序却相对简单稳定,所有的敌对派系都承认苏丹在伊斯兰世界的领袖地位,苏丹作为宗教角色的象征认同是稳固的,而在政治或财政方面对他效忠又是另外一回事。在摩洛哥,政治的忠诚仅仅与政治权力的运用有关。苏丹为了达到他控制政权的目的,通常会巧妙地平衡各个竞争者,消除一个地区内可能存在的冲突或者联合各个竞争者一致对付外部的敌手,权力而不仅仅是武力成为了这场游戏的实质。

"克比拉"是摩洛哥社会语境中的又一个重要概念,它通常被翻译为"部落"。这是一种误读,它的真实意义是代表了一种特定的文化类型,用以确认共同的社会身份。这种文化类型的划分可以小到家庭,也可以大到国家。在现今的拉赫森村庄范围内有许多群体以不同名称的"克比拉"来定义他们的身份,如艾特优素和艾特希立。同一区域内的群体宣称他们具有相同的身份,但这些身份以及它们的含义并非地域性的,它们会随情境的不同而改变。因此,希耶德人在一个来自摩洛哥其他地区的人面前会将自己的身份定位于"艾特优素部落",而在村庄内,他永远不会这样说。优素部落作为整体并没有一个将众多地方性群体联结起来的社会结构性组织,同样,这些群体之间也不存在虚构的宗谱联系,优素部落作为被谈及的对象具有双重意义:它首先指将自身定义为"艾特优素"的地方性群体,其次,它指聚集在一起纪念圣人,分享他的巴拉卡、确认他们共同起源的众多地方性群体。

在拉赫森村庄内,希耶德人与柏柏尔人在构成基础方面存在微小的差别。村庄内的所有村民享有一个共同的名字和起源。除此之外,希耶德人还拥有与圣人相连的共同血统,他们都说阿拉伯语。后面两个事实使他们作为同一个"克比拉"与周围的柏柏尔人区分开来。每当希耶德人谈及优素部落与柏柏尔人时,他们通常不会用"圣人"和"部落成员"而是会采用"阿拉伯人"和"柏柏尔人"的说法来进行区分。阿拉伯语或者持阿拉伯语者的自我认同是希耶德人作为圣人后裔、熟悉宗教事务者及文化支配群体的身份的一个重要组成部分。

调解制度是一种来源于文化身份上的差异并将柏柏尔人与希耶德人连接起来的基本社会制度。如果两个群体之间存在着无法解决的争端,他们可能会决定让希耶德人来进行调解。为此,他们会准备多种礼物给希耶德人,包括牲畜和金钱,在希耶德人收下了礼物后,他们与那些最能够给予他们帮助的调解人进行协商,随后,希耶德人将会与争议的双方一起来到争议者所在村庄,在清真寺内进行调解。调解人首先召集村中的老者询问冲突本身的性质和细节,选择老者是因为他们都是宗教职业者,对拉赫森和安拉心存畏惧,会比较乐意于讲述事实。根据老者陈述的事实,调解人当众宣布他们的结论并告知相关的双方,然后离开村庄。已经得出的结论被认为是"以刀作证"的,意即它是最后的裁决而且无法申诉,一方拒绝接受它将会受到拉赫森惩罚力量的威胁。在前保护领地时代,如果发生谋杀事件,通常由调解人决定抚恤金的数量,血仇在村庄内很少见,它们通常是在出现后很快就得到裁决,村庄内需要调解人解决的争端主要包括边界问题、所有权的争吵、灌溉权利或偷盗动物之类的问题。在这些争端中,调解人起到的主要作用就是以中立者和受尊敬的中间人的身份来平息争端同时又不使任何一方看似作出了退让。在摩洛哥的保护领地时期,调解制度已经渐渐淡出了历史舞台。

摩洛哥在每一个历史时期都有一些人身上集中体现了同时代村庄生活中的核心价值观、信仰和实践活动,穆卡德姆·哈米德(Moqaddem Hamid)就是这样的一个人。他载入史册是因为他与村庄内其他人在价值观方面存在着高度的一致性并且他用行动很好地印证了这些价值观,也因为这种不同寻常的和谐状态,他迅速成为了一个传奇。哈米德属于拉赫森后裔的一个分支,他被称为"拉杰勒-巴拉卡",即由安拉保佑的人。相传哈米德有一天在梦中来到了圣人的坟墓,他开启了坟墓并发现了一条白色的头巾,这条头巾被视为圣人拉赫森之物以及对哈米德所拥有的巴拉卡的一种明确承认。它构建了哈米德与圣人联系的符号并成为传达神圣含义之持久具体化身的文化象征。主宰哈米德形象的两个主题是慷慨与公正,由于他的慷慨,他被视为整个艾特优素部落以及村庄内每个村民的父亲,他的家门从来不关闭,欢迎着每一个村民。此外,他还乐意于帮助每个人,无论是在清真寺学习的学生还是路过村庄的旅行者。

哈米德善良和神圣的形象是与他慷慨公正品质相联系的,人们通常都会这样认为:穆卡德姆所体现出来的慷慨预示了他的幸福,它符合社区的价值观并显现了实现它们的难度。他的故事清晰地展现了摩洛哥语境下对虔诚这种美德的象征性表达以及存在于宗教和回报之间的关系,真正的哈里发是那些慷慨并从中得到回报的人。哈米德令人惊讶的特点表现在他不属于任何派别也不倾向于任何群体,他得到的回报是即时的、有形并且持续的,他接受了所有的人也意味着从所有的人那里得到了回报,慷慨与公正孕育了财富和精神力量,财富和精神力量转而也孕育了慷慨与公正，如此循环。而哈米德是村庄内最后一个拥有这些品质的人，因此他被视为"拉杰勒-巴拉卡"。此后尽管有人拥有多种美德、超自然力或者处于一个有权势的地位，却无法再成为"拉杰勒-巴拉卡"。时代在改变，村民的地位在下降，他们的社会角色遭到削弱，杰出人物的象征性本质的变化却极其缓慢。对哈米德异口同声的赞美为那个逝去的年代蒙上了一层悲怆的色调。

法兰西保护领地时代

法国人于 1912 年在摩洛哥建立了保护领地，在随后的一段时间里，殖民当局推行的一系列措施和村民对这些措施的回应将拉赫森村庄此前作为摩洛哥社会和文化生活中心的变量逐渐剥离，并使它们以新的形式重组，形成了一个由法国人重建的社会文化秩序，并给当地社区带来了一系列的变化。

法国人带来的第一个变化是在巩固原有市场的基础上又在塞夫鲁地区新建了五个市场，这项措施导致了大量外国商品的涌入和众多新需求的产生，从而削弱了商店在村庄经济生活中扮演的角色。另外一个对村庄生活有更为根本性影响的措施是法国当局试图限制季节性游牧，在当地推广"理性型"农业，为此，法国人重新开征了苏丹穆莱·阿卜杜勒·阿齐兹（Moulay Abdel Aziz）财政改革时所创立的一种名叫"特梯布"（tertib）的农业税。"特梯布"的开征种下了村民怨恨的种子，希耶德人更是倍感耻辱，他们身为哈里发的特权之一就是可以免于各种基本税收，纳税这一举措在象征层面上的意义超过了它作为一项经济举措的意义，以圣人后裔自居的希耶德人的身份开始遭到毁损。在前保护领地时代,人口的稀少以及当时不安定的社会环境导致村庄周围留有大片的闲置土地,实行新的农业政策后最直接的反应就是新的土地开始被开垦。在村庄附近有两大片土地,一片是核心区域,共245公顷,有70%的部分拥有灌溉水源,因此即使产量不高也总有些收成;另一片是次级区域,共230公顷,地面上覆盖着灌木和乔木,仅有20%的部分有灌溉水源。对次级区域的开垦成为村庄最为重要的事情。在近70年间,村庄的人口一直以很高的速率增长,其他途径的食物和收入来源成为迫切需要。与之对应的是,在25年中,可耕种土地的数量也翻了一番。法国当局农业政策的推行使农业的扩张和经济实力成为了村庄内权力的基础,希耶德人的传统功能受到削弱。它还改变了整个区域的文化生态环境:农业代替畜牧业成为了当地主要的经济活动。尽管如此,村民在种植橄榄上的兴趣仍然多于农业兴趣,村民对自我的界定依然是宗教调解人或乡民而非农民。

在法国人支持下建立的法庭也改变了村庄政治活动的基础,一个睿智的老者将之形象地描述为"法国人用武器给摩洛哥带来的安全还不及他们用法官和监狱带来的安全可靠"。法庭相比于本地的调解人缺少合法性,却更为有力,法庭的制裁手段是罚款和监狱,它凭借的基础是权力而非超自然力,一个人赢得了官司也即意味着法国人站在了他那一边。由于审判地点定在了邻近的塞夫鲁地区,因此在法庭的交锋中对法律程序的熟悉显得至关重要,合法性存在与否的关键在于一个人是否有足够的力量、财富和影响力。当地谚语"如果你没有金钱,你的话语将显得难堪"正是这一现实的生动体现。

一战过后,法国当局曾打算在村庄内建立一所以培养摩洛哥军官为目的的学校，并修建从塞夫鲁地区通往村庄的公路。哈米德惧怕年轻人受到诱惑而转信基督教，他鼓动村民们回绝了当局的这个提议。这个决定事后被认为对村庄未来的发展有着决定性的影响，它左右了村庄未来 40 年的命运。哈米德本以为这样的做法能够确保村庄宗教中心的地位，而实际上它不过是"确保"了村民仍然只是农民，今天的年轻人异口同声地谴责他当初的决定。

村庄内存在着众多不同的群体，希耶德人包括了四个分支，可以追溯到拉赫森的四个儿子。希耶德人中的绝大多数都集中于西迪·穆罕默德和西迪·哈米德两个分支。今天处于主导地位的是西迪·哈米德分支，它由四个规模和地位皆不相同的支系构成，最重要的两个支系是艾特·加齐·本·阿拉勒和艾特·本·沙兹利。前者是现今最大的一个希耶德人群体，哈米德以及他的兄弟就来自这个群体，它最大的特点是内部的高度一致性。在这个群体中，五个扩展家庭共有壁龛和遗产，开支共同计算，没有人在这个群体中可以获得大量的个人财富和较大的权力，这样的企图会受到群体行动的有效抑制。群体中的成员通过共同行动、族内通婚以及避免冲突的方式来加强整个群体的地位。在摩洛哥各个历史时期，阿拉勒支系都被证明是一种最为成功的运作体系。第二个支系沙兹利支系则呈现出与第一个支系完全不同的图像，它的成员持续不断地进行内斗，群体内的分裂状态对它的发展有着决定性的影响。与前者的聚居模式不同的是，沙兹利支系处于一种分散居住的状态。村庄中的另一个群体是阿巴德人，意即"奴隶的后代"。阿巴德人无论用团结或不团结来形容都不恰当，他们并非一个群体而只不过是将许多分散的家庭整合到了一块，缺乏群体行动使它显得异常脆弱。

　　三个群体的不同特征导致了三种截然不同的婚姻模式。阿拉勒支系是高度的族内通婚，沙兹利支系较少族内通婚，阿巴德人中则完全不存在族内通婚现象。不过三种婚姻模式的运行都遵循着同样一条原则：他们都是经过有意识的思考并且以非直接的方式进行的。拉比诺在摩洛哥做田野调查时，他询问的所有资讯人都将未来丈夫或妻子的亲属的性格视为婚姻中最主要的考虑因素。一个男人结婚是"嫁给了新娘的父亲、母亲以及兄弟姐妹"，婚姻的成功与否有赖于两家亲戚是否能够和睦相处。此外，婚后由于父系继嗣导致的土地分割也成为群体中真正棘手的难题，这个问题只有在阿拉勒支系中才得到了解决。在这个群体中，男性亲属之间保持着紧密的联系，这种联系通过可能的经济合作和不断的族内通婚得到加强，由各种因素构成的一个复杂成体系的互动模式为这个群体保有了"传统家庭式的团结"。村庄内的婚姻时常面临着多重选择，阿拉勒支系因为其高度的融合性而倾向于群体内通婚，在沙兹利支系中，并不常见的内部通婚现象与群体内的不合与敌对密切相关。一个老者睿智地道出了村庄内婚姻选择的实质，他将村庄内的婚姻比做探矿，"你必须在找到黄金之前在周围四处挖掘，黄金本身比你在哪里找到它更为重要"。

　　为了将不同群体策略选择的动态图景更为清晰地展现出来，拉比诺从三个群体中各选取了一个有影响力的人物，采用了"人物生活史"的描述方式。来自阿巴德人的阿巴迪是一个敏锐的政治人物，他于1920年成功地获得了奎德的职位，赢得了法国人和法庭的支持，之后，他依靠所拥有的权力没收了大量阿巴德人的土地。阿巴迪经常以重新调查的名义对土地进行再分配，通过这种手段他获得了阿巴德人全部55公顷土地中的19公顷，此外他还获取了 1600 棵橄榄树。阿巴迪的行为给阿巴德人的下一代带来了巨大的苦难，大量土地被剥夺使他们的经济安全问题凸显出来，阿巴德人因此更容易失去他们余下的土地。在 1945 年的大饥荒中，许多人就只能用剩余的土地来换取少许粮食。阿巴迪被村民视为与中央政府类似的、拥有无可争议的权力的人物而饱受非议。西·贾卢勒来自沙兹利支系，他也是一个强有力的奎德。与阿巴迪的性格不同，他是一个沉默冷淡的非政治性人物，他所带来的影响也不同于阿巴迪。贾卢勒从来没有在村庄内抢占过任何土地，他仅仅于 1945 年饥荒期间从村庄里买入了大量的橄榄树，他的土地是他通过自身的权力从摩洛哥其他地区获得的。然而，他的伙伴们一直计划利用各种手段攫取他的财产，但每次行动均由于贾卢勒强大的官方背景无果而终。穆罕默德·贝尔·加齐的经历为我们提供了一个有益的反例，他来自阿拉勒支系，由于他的能力，他在年轻的时候被任命为族长本·纳斯尔的助手。加齐曾仔细观察过阿巴迪的手段并决定模仿。与阿巴德人不同的是，阿拉勒支系是一个内部联结非常紧密的群体，每当加齐采用各种手段来对付他的伙伴时，他们都会坚定地站出来并召集相关证人以证明他们要求的正当性。加齐缺少有力的支持，没有足够的力量来对抗整个群体，因此他每次都以失败告终。

阿巴迪活动的高潮部分是在 1920—1930 年期间，贾卢勒的主要活动时间是 1930—1950 年，加齐是 1940—1960 年期间的一股重要力量。加齐仿效阿巴迪的做法最终以失败告终的重要原因在于他掌权的时期也即是法国保护领地时代将要结束的时期，法国人无法给予他更多的支持，并且此时的摩洛哥人也已经对法国支持下的机构有了更为深入的理解。

在法国保护领地时代，权力和财富的标志是土地和橄榄树占有的多少。在这个时代，希耶德人的作用开始削弱，他们的经济地位发生了动摇；其中阿勒支系成为了最成功的群体，它的成员共同行动，族内通婚并结群居住，在这种模式下，群体内的资源不断地丰富，他们获取了更多的土地和橄榄树并且成功地抵制了加齐的侵犯。

观念与冲突

历史的车轮驶过了 20 世纪的 40—60 年代，自二战伊始，复杂多样的政治活动主导了村庄的生活，这是一个摩洛哥人对法国殖民当局的看法发生根本性转变的年代。

当地人对法国人印象的蜕变最初来自法国人为了维持军队的庞大支出，以及在摩洛哥不断掠夺石油和粮食的举动。法国人放任地方官员进行劫掠，这引起了村民普遍的怨恨，多年来殖民当局小心翼翼建立起来的"不干涉"乡村生活的形象逐渐遭到了毁坏，村民开始重新对当局进行评估，摩洛哥社会经历了一个"重新象征化"（resymbolization）的过程，战后法国当局的一系列政治活动又不断加强了摩洛哥人的这种新观念。与法国人缺乏约束的劫掠相比，美国军队在北非的各项行动以另外一种方式改变了摩洛哥人对基督教徒固有的印象。美国人似乎有无穷的财富，"他们扔掉的装备和食物比法国整个军队都要多"。此外，美国人没有强烈的等级观念，军官也会做一些苦力活。更为重要的是，美国军官或士兵都不用外交礼节来对待当地村民，他们的举动随意大方，经常毫无拘束地分发给村民食物和补给。摩洛哥人对法国殖民当局观念的巨大转变构成了其"去殖民化"过程的一个重要方面,这是一种将宏观变化引入到村民的日常生活和现有价值中的基本模式,它也成为战后摩洛哥人采取政治举措对抗法国人的一个重要动因。

对摩洛哥人而言,美国人的做法更接近于摩洛哥社会的核心价值观念:力量、慷慨和公平。在摩洛哥社会中,人们通常认为给予他人不算一种交换,这样的举动也不值得公开吹嘘,美国人自由慷慨的举动由此得到了摩洛哥人不断的赞扬。摩洛哥人看重的另外一个重要品质是"社"(*shih*),意即力量,它是摩洛哥文化中的核心象征。"社"不仅仅限于物质力量的强弱,它的范围更加广泛、深入和包容,意指"充满生机与活力"以及增强或深化这种品质的过程。如果说某种事物是"社",通常指这种事物是好的,却并不意味着它是正确或合适的,它仅仅从某层意义上说明这种事物是非常重要并受到安拉保佑的。它比巴拉卡所拥有的象征意义更为广泛,是一种既让人敬畏又使人尊敬的力量,早期的奎德们所拥有的就是这样一种力量,它表现为奎德们最无法让人接受却仍然得到人们赞赏的行为。"社"也是一个相对的概念,在二战中,由于殖民当局的掠夺政策以及美国人的出现,法国人的力量和权威被大大地削弱。相比于美国人,法国人只能改用"埃沿"(*ayyan*)来形容,意即衰弱。

1953 年苏丹穆罕默德五世遭到法国政府驱逐,这件事情在摩洛哥社会激起了轩然大波,并引发了一系列的政治运动。这时拉赫森地区最为强有力的奎德是拉尔比和拉赫森·利乌西,拉尔比因其惯于采用强制和野蛮的手段而臭名昭著,他支持法国当局而且尊敬村庄内的希耶德人;利乌西恰好相反,他在苏丹流放期间曾组织了一支游击队对抗法国,并且他对希耶德人也充满敌意。尽管希耶德人支持苏丹穆罕默德五世，但由于他们长期以来一直保持的政治中立传统，他们努力避免在苏丹流放期间参与政治活动以及公开的政治结盟，不过他们仍然通过一系列的象征手段来表达对苏丹流放事件的不满。比如，他们在清真寺共同祈祷时拒绝念新苏丹的名字以表示对穆罕默德五世的拥护，他们找出各种借口来取消全年中最重要的宗教庆典"艾德克柏"，他们还会采取除谋杀之外的各种破坏行动来发泄不满，比如焚烧法国人的农场、切断电话线等。在苏丹流放期间，村庄内部的不和谐成分也在逐渐增强，支持法国的力量与反对法国的力量明争暗斗。这时，由利乌西组织和领导的一支游击队活跃于塞夫鲁地区，村庄里仅有一人参加了游击队，不过很多人成为了游击队的联系人或者秘密为其提供帮助。国家独立以后，游击队在解放斗争中形成的友谊和联盟被认为有助于重建地区的政治结构，然而这在村庄里并没有成为现实，村庄里的拥法派和倒法派没有以不同集团的形式团结起来，因此也无法构成政治联合的基础。

摩洛哥的各种破坏活动、阴谋、不和谐氛围等都随着1955年苏丹的回归戛然而止。苏丹呼吁国家团结，号召大家相互原谅并结束斗争，苏丹的明智决策使摩洛哥以一种和谐的方式结束了这段混乱的岁月。在苏丹流放期间，希耶德人团结起来，坚持和保护他们的文化身份以对抗那些试图挑战它们的举动，可是他们仍然没有形成新的联盟、权力基础和政治结构。

摩洛哥于1956年获得了独立，独立之后，这个国家正式的政治结构面临着重组，其中的一个明确目的就是要加强和巩固中央的权力。奎德们不再被允许在他们家乡所在的区域执法并且经常从一个职位调换到另外一个职位，这导致奎德的地位开始下降。

新的举措的另一个影响是大幅度提高熟知乡村事务的酋长的地位,因为这种政治结构是垂直的,像一架梯子,底层的信息通过酋长向上传播,中央权力则通过酋长反方向地传达到村庄内。随着苏丹的回归和新的政治举措的实施,先前反对法国的奎德利乌西成为了塞夫鲁地区重要的政治人物,他掌权后的第一个举措就是任命敌视希耶德人的阿里为拉赫森村庄的代表。在这时,"乡村社区"会议正在讨论有关新的乡村社区中心的选址问题,国家体系内的第一次政治选举因故推迟到 1960 年,阿里成为了唯一有权力作出最后决定的人,他将新的乡村社区中心的地址选在了拉赫森村庄北部一个偏远贫困的村庄塔苏塔特。失去成为乡村中心的事实对拉赫森村来说是一个与当初拒绝法国人在村庄建军事学校类似的转折点,村民们感到他们已经失去了使下一代的经济条件发生根本转变的机会。

村庄终于在 1960 年举行了乡村社区的第一次正式选举,穆罕默德·本·奥马尔以绝对多数票战胜了阿里当选为乡村议会代表。他的职责不仅仅包括参加乡村社区会议,他还有责任与政府进行所有官方层面的沟通。乡村议会代表作为酋长的一个反制声音发挥着重要的作用,它体现出来的重要性程度与它所依靠的人密切相关。本·奥马尔以压倒性多数当选乡村议会代表的事实表明村民已经明确放弃了从政府得到援助的期望,他们希望选举出来的人不会欺骗他们、滥用权力或者具有明确的派别倾向,他能忠实地报告议会发生的一切并且不会激起村庄内部矛盾,也不会使村庄更远地介入到外部世界。

这个时期的村庄中有两个人因为他们与法国人的关系而崭露头角:阿里和谢夫·阿卜杜勒·卡里姆。阿里反对法国人,卡里姆曾为法国人在印支半岛作战，之后又在摩洛哥地区对抗法国人。
两人尽管在经济上都获得了巨大的成功却为自身的文化身份而困
惑和烦恼。阿里是村庄中最富有的人，他通过烟草专卖和土地的
经营拥有一份非常丰厚的回报。阿里利用他的财富、勇气和魅力
积极从事着反对法国人、赢取国家独立的事业。他是一个强烈的
国家主义者，他创立了独立党，并成为该党的第一任领导。在经历
了政治上的高潮后，阿里发现无法通过个人的资源继续获取支持
和权力，在乡村社区中心的竞标失败后，他在接下来的数次竞选中
都以惨败告终。阿里的失败与他的性格和人品有关，他无法在选
举中赢得 1/10 以上选票的主要原因在于他太过吝啬，此外，他也
无法很好地与他人展开合作。因此尽管阿里仍然在村庄中发挥着
重要的作用，但这种作用力在减退，他看起来很有可能在接下来的
日子中待在他的商店里空发牢骚。卡里姆则是另外一种情况，他
已经并无疑将继续在乡村生活中扮演一个中心角色。卡里姆获取
财富和权力的道路是相当曲折的，1949 年他应征进入了法国军
队，参加了法国在印支的战斗，在这次战斗中他身负重伤，疗伤后
他于 1952 年回到了拉赫森村庄，他受到奎德利乌西的游说，加入
了自由军队来对抗法国当局。在他对抗法国军队的经历中，他轻
易地累积了充足的财富，这使他愈发确信他的摩洛哥同胞除了部
分精英外都是劣等的野蛮人。卡里姆在远东战场上留下的伤口一
直没有痊愈，从 1963 年开始，他丧失了部分视力，并在四年后完全
失明。失明的打击使他逐渐放弃了远大抱负又重新回到了村庄，
并决定永久定居于此。他购买了大量的次级农田，并尝试着用现
代农业的手段来改造它们。卡里姆将这种举动看成是国家农业现
代化努力的一个组成部分，它产生的影响是深远的：首先他自身得

到了丰厚的回报;此外,他的大手笔购买阻断了其他村民任何扩大耕地面积的想法,从长远看对村庄的经济生活产生了重要的影响。卡里姆对自我文化的认同充满了矛盾:他决定留在村庄,热心参与地区事务并为贫困的农民提供工作机会;但他同时又从来不与村民合作,也不会出席任何婚礼、葬礼和包皮切割仪式而只是赠送大量的礼品。卡里姆是一个具有现代眼光的人,他的气质中兼有法国血统和阿拉伯血统,因而他试图以一种他从外界所接受的严厉标准来要求村民,村民对他充满畏惧和敬意。卡里姆是一个"除去烦恼一无所有"的大人物,他对村庄怀有一种复杂矛盾的心情,这使得他一生都成为村庄里的独行者。

挑战与质疑

1960 年代早期,村庄从近二十年来的动荡岁月中解脱出来,获得了暂时的平静,它作为乡村宗教中心的地位尽管遭到了削弱却依然保留着,政治仍然以其原有的方式运行着。然而,表象再一次欺骗了人的眼睛,事实上,在村庄中,希耶德人的文化身份受到越来越多的质疑。

1967 年,村庄内的非希耶德人发动了一起针对希耶德人的"反叛",两位来自阿巴德人的年轻的学校老师回到村庄度假,并在此期间发动了一场旨在消除希耶德人象征特权的运动。他们在庄稼收割期的夜晚秘密组织了一个会议并劝说人们加入,两位年轻的老师在会议上提出了与村庄中固有观点迥异的新观点:他们指出令人尊敬的称呼"西迪"应该被废除,在摩洛哥,这样的称呼仅仅限于哈里发,表示尊称,是"特权"的象征,作为一个群体,希耶德人并不优于任何其他群体。此外,他们认为村庄里的老年人囿于传统,缺乏改变现状的想法和勇气,因此这种改变主要应该依靠年轻人的努力。与会者对两位老师提出的这些观点达成了共识,一个革命性的计划应运而生:与会者的孩子被要求参与抵制希耶德人的特权意识,拒绝称他们为"西迪",更有甚者认为这些孩子不应该与希耶德人的孩子一同玩耍。

然而,反叛在行动上要短命得多,将双方的孩子隔离的做法使希耶德人感到了惊愕与愤怒,在他们看来,这种革命性的行为是"无法想象"的。出于道义上的激愤,他们迅速采取了行动,两位年轻的老师以及他们的支持者很快被隔离并且受到奎德的威胁。反叛行动戛然而止,然而它带来的挑战却是直接的:体现在文化和经济两个方面。年轻一代的阿巴德人认识到未来属于受过良好教育的阶层,他们将孩子隔离开来,单独给他们授课并且通过培养其成为法语老师的途径来打破希耶德人对文化的垄断,这样的抉择给予了群体中的个人更多的社会和经济的安全保障,却没有对村庄的结构产生多大的影响。作为对这些公开挑战的回应,卡里姆以及来自阿勒支系的另外一些人决定不再出售任何原属于希耶德人的土地给非哈里发,并且他们决定出钱购买所有待售的土地。卡里姆还声称:阿巴德人的"尼亚"(*niya*)即性格是不完整的,如同一杯半满的咖啡,因为年轻一代的阿巴德人将其祖先对圣者拉赫森的帮助视为一种疯狂的举动,他们希望如希耶德人一样努力学习并认为这可以让他们同哈里发一样获得金钱和土地。与前述的经济挑战相比,文化方面的挑战要强有力得多。许多年轻的希耶德人面临着自我辩护的问题,与老一辈将哈里发存在的主要原因归于血统不同,年轻一代认为哈里发因为两个原因而存在:一是工作,二是血统。他们是典型的穆斯林,因为他们在工作,以一种杰出的方式生活着。年轻的一代开始困惑,他们一方面相信希耶德人优于非哈里发,一方面又不知道这样的情况什么时候会改变,也许他们无法再坚持对自身身份象征和文化持续性的固有看法。在这个平静的岁月里,摩洛哥文化中深远变化的种子已经开始发芽,它获取了所需要的气候、好运和安拉的保佑。

缪兹是一种将艾特优素部落与圣者相连接的仪式,一年两次,一次在春季举行,安排在收获季节开始之前,一次在秋天举行,安排在麦子脱粒之后。第一次缪兹的安排需要确认谷物成熟的时间,需要中央政府的许可,还要考虑到天气状况。第二次缪兹被安排在秋天雨季来临之前且人们收割完庄稼十分清闲之时。前述诸多原因造成了第一次的缪兹在规模上明显比第二次要小很多。缪兹的表现形式如下:在三天内,各支由柏柏尔人组成的骑师队伍聚集到村庄里中央场地的一端。他们的酋长吟诵一首自己谱曲的对圣人的赞美歌,这首歌歌唱的方式类似《可兰经》的咏唱,当酋长通过歌唱发出了信号后,骑师们开始冲入狭窄的中央场地,在这一小段路程中不断发生各种马匹相撞事件,骑师们也努力控制缰绳,避免从马上摔下来。

在前保护领地时代,缪兹本身是对希耶德人的宗教地位和圣者巴拉卡的一种证明,艾特优素部落每年有两次机会团结在一起并自我更新,以此来获取作为宗教权力和神赐恩典的巴拉卡。在现代情境下,柏柏尔人的各个团队争相赞美圣人并希望以此为他们的后代带来荣誉,他们在仪式中享受自我,表达敬意和捐赠礼物,然后回到村庄。与之形成鲜明对比的是,相当多的希耶德人对缪兹仪式感到不满意,他们认为只有彬彬有礼的行为才能将他们与那些公开大声歌唱的柏柏尔人区分开。不过尽管他们认为无法理解柏柏尔人,但他们往往会屈服于语言的快乐和表演的天资而加入到缪兹仪式中。

在缪兹仪式中,希耶德人和柏柏尔人对圣人恩典的竞争以及相互间的对抗使整个仪式过程在一种巨大的内部压力状态下朝着更为激化的方向演变,一旦仪式中的赞美部分结束,它几乎不可避免地转向双方的相互诋毁中。在仪式进展到第二天的时候,整个村庄的活动从一种随意、分散的活动转向了越来越多的人开始围绕着参与者的举动,歌手和观众之间紧张的互动明显增强,两个领头的酋长在赞美对方的时候又公开诋毁对方。每个酋长代表着不同的社会群体,当他们互相诋毁对方时,这已经不是个人行为而上升为群体行动,他们会得到同派别观众的支持。一旦事情加速发展,任何试图阻挡它的努力或道德的劝说都显得十分无力。紧张的氛围在不断升温,每个骑师都想超越对方,歌唱也变得越来越具有污辱性,希耶德人陷于疯狂的状态中,双方的战争一触即发,看起来任何一方都不可能作出让步或承认失败。最后,来自艾特优素部落的穆卡德姆站出来,对各个酋长进行了罚款,一场真正的灾难有惊无险地避免了,缪兹仪式也宣告失败。

整个缪兹仪式为参与其中的各类演员提供了一个显示慷慨和展现性格的文化交流平台,它的核心是演员们努力找寻的圣人的巴拉卡,为此,夸张的财富、才能和力量的表现仪式化于缪兹中。参与仪式的一方通过财富和力量的展现来显示其拥有神的偏爱,另一方则希望通过这样的手段来证明他们长久拥有这种偏爱并使其不断加强。仪式中神赐恩典通过集体背景下对个体的颂扬表现出来,文化的统一性通过个人控制性的表达体现出来。在仪式结尾,由于缪兹无法完全展现这种排他主义的集体性的慷慨赠予和力量,失去了取悦神的可能而归于失败。缪兹仪式充满了许多结构性和文化性的陷阱,它最后的结局是需要完成从对抗到竞争性和谐的转变。希耶德人肩负有引导缪兹到完满结束的责任,作为调解人,他们努力平息争议,阻止过激行为和避免暴力。他们并无意否定强烈的个人表现行为而只是希望能够很好地疏导它。为此,他们需要动用与自身性格和个人魅力相关的力量,而这种力量是相对有限的。

缪兹体现出了摩洛哥文化中核心的宗教象征符号里的持久活力,在基本层面上,它们为新经验的部分整合提供了一个有用的框架。在仪式中真正无法完全衔接上的部分是希耶德人近乎窒息的焦虑,他们在仪式的象征格局里受到了冲击。这样的仪式对柏柏尔人来说是富有意义的,而希耶德人在仪式中无法担当起自身的角色,这样的两难处境是强烈的。

拉比诺停留在摩洛哥的最后一段时间里,政府已经许诺将分拨一批资金用于缪兹仪式所用场地的修缮和美化,政府告诉村民,这些举措是为了增显圣人的荣耀。然而希耶德人的反应有些出乎意料,许多村民都将这样的举措视为铺张浪费,缪兹仪式在一年内仅仅举办两次,而他们一年到头都生活在村庄中,他们需要的是工作、公路、电力和学校。这样的情景是具有讽刺意味并且相当悲怆的,希耶德人并不是反对君主抑或放弃了圣人,只是他们明白,金钱以及更多的游客无法使他们重新认识到自身的意义所在,要想重获活力需要超脱于固有模式,他们必须继续寻找。

今天苏丹和希耶德人较以往呈现出弱势状,苏丹希望通过资助圣人的节日来获取他在乡村的合法统治地位,希耶德人对此感到不满,他们希望得到的是土地和工作,苏丹对此却无能为力。希耶德人希望得到对他们的圣人后裔真实身份的认同现在也无法从外界获取。今天的希耶德人已不再是奇迹创造者、道德的榜样、知识渊博的宗教学者,甚至也不比其他摩洛哥人更为虔诚,他们只是宗教象征符号的管理者,仅此而已。希耶德人的身份正受到越来越多的质疑,他们敏锐地认识到圣人的伟大力量以及他们自身力量的削弱。由于"误读"了他们在变化着的更大的世界中的位置,希耶德人开始失去了他们的巴拉卡,它成为希耶德人无力追逐的一个外部幽灵,这似乎表明了巴拉卡是世界上一种动态力量的表现形式,而非这种力量的怀旧记忆。

图书在版编目(CIP)数据

摩洛哥田野作业反思/(美)拉比诺著;高丙中、康敏
译.—北京:商务印书馆,2008(2020.4 重印)
(汉译人类学名著丛书)
ISBN 978 - 7 - 100 - 05503 - 1

Ⅰ.①摩… Ⅱ.①拉…②高…③康… Ⅲ.①人类
学—田野作业—研究 Ⅳ.①Q98

中国版本图书馆 CIP 数据核字(2007)第 067033 号

汉译人类学名著丛书

摩洛哥田野作业反思

〔美〕保罗·拉比诺 著

高丙中 康敏 译

王晓燕 校

商 务 印 书 馆 出 版
(北京王府井大街 36 号 邮政编码 100710)
商 务 印 书 馆 发 行
北京新华印刷有限公司印刷
ISBN 978 - 7 - 100 - 05503 - 1

2008 年 1 月第 1 版   开本 787×960 1/16
2020 年 4 月北京第 3 次印刷   印张 14

定价:35.00 元